바이오닉맨

바이오닉맨

인간을 공학하다

임창환 지음

MID

1988년 1월 1일, 88 서울 올림픽이 개최되는 역사적인 해의 첫날
이 밝았다. 당시 초등학교 5학년이던 나는 아침부터 설레는 마음을
주체하기 어려웠다. 말로만 듣던 그 유명한 명작 「스타워즈Star Wars: 제
국의 역습(당시 제목은 스타워즈Ⅱ)」을 신년 특집 영화로 TV에서 방영해
주는 날이었기 때문이다. 요즘처럼 미디어가 발달되지 않은 30여 년
전에는 '본방'을 놓치면 그 프로그램을 다시 볼 수 있는 방법이 거의
없었다. 부지런한 이웃집 친구가 TV 방송을 녹화한 비디오테이프를
빌려주지 않는다면 말이다. 그래서 인터넷이나 VOD가 보급되기 전
에는 시청률이 60% 넘는 드라마가 종종 나오기도 하고 TV에서 인기
프로그램을 하는 시간대에는 길거리가 한산해지는 진풍경이 연출되

기도 했다. 인기 있는 TV 프로그램 시청을 자칫 잘못해서 놓치기라도 하면 다음 날 친구들과의 대화에 낄 수 없었기 때문에 "일찍 자라"는 부모님의 호통에도 불구하고 삐죽이 열린 문틈으로 TV를 훔쳐보기도 했다.

내가 「스타워즈: 제국의 역습」의 방영을 손꼽아 기다린 데에는 그럴 만한 이유가 있었다. 당시 스타워즈는 모든 또래 남자 아이들의 로망이었다. 영화에 등장하는 멋진 우주 비행선을 만드는 200원짜리 '조립식 장난감'과 광선검을 든 주인공 루크 스카이워커의 멋진 모습이 인쇄된 책받침은 초등학교 남학생들의 '머스트 해브' 아이템이었다. 인터넷도 스마트폰도 없던 시절, 누런 연습장에 연필로 'R2-D2'를 베껴 그리던 우리는 여느 미국 아이들 못지않은 스타워즈 마니아였다. 그런데 「스타워즈: 보이지 않는 위험(당시 제목은 스타워즈)」은 TV에서도 방영해주고 비디오 가게에서도 쉽게 대여가 가능했던 데 비해 「스타워즈: 제국의 역습」은 무려 8년 전에 만들어졌음에도 어떤 이유에선지 우리나라에서는 전혀 찾아볼 수 없었다(나중에 안 사실이지만, 제작사가 기존 영화들보다 3배 이상 비싼 가격을 불러 수입사들이 구매를 포기했다고 한다). 며칠 전부터 TV에서는 다스 베이더와 루크 스카이워커가 광선검을 휘두르며 싸우는 장면의 예고편이 반복해서 등장했고 나의 호기심은 극에 달했다.

역시 명불허전이었다. 입 모양과 하나도 맞지 않았던 어색한 성우의 더빙과 지금으로선 조악해 보이는 엉성한 특수 효과, 작은 TV 화면 따위는 영화에 몰입하는 데 전혀 문제 될 게 아니었다. 많은 명

장면 중에서도 백미는 역시 후반부에 등장하는 다스 베이더와 주인공 루크 스카이워커의 외나무다리 결투다. 모두가 알다시피 그 장면에서는 다스 베이더가 파란색 광선검을 쥔 루크의 오른팔을 자신의 붉은색 광선검으로 베어버리고는 "아이 앰 유어 파더I am your father"라는 충격적인 반전의 한마디를 던진다. 영화 역사를 말할 때 빠지지 않고 등장하는 바로 그 장면이다. 그런데 사실 내게 더 충격적으로 다가온 장면은 따로 있었다. 루크가 간신히 목숨을 건지기는 했지만 평생 외팔이로 살거나 후크 선장의 갈고리를 달아야 할 것이라 생각했던 나의 빈약한 상상력을 비웃기라도 하듯, 루크의 잘린 오른팔 자리에 원래 모습과 똑같이 생긴 팔이 달려 있는 게 아니겠는가? 이뿐만 아니다. 수술 로봇이 루크의 오른손 손바닥을 바늘로 콕콕 찌르자 마치 진짜 손인 양 움찔거리는 것이 아닌가? 더구나 열린 피부 사이로 보이는 팔 내부에는 작은 기계 부품이 가득 들어차 있었다. 이 장면이 얼마나 충격적이었는지 당시 내가 쓴 일기는 멋진 우주 전쟁이나 광선검 전투 장면이 아닌 루크의 새로운 팔 이야기로 대부분 채워져 있다. 나중에

안 사실이지만 나처럼 이 장면에 충격을 받은 사람이 꽤나 많았다고 한다. 지금도 인터넷에서는 이 장면의 스틸 사진이 셀 수 없을 만큼 많이 공유되고 있다.

비록 SF 영화 속 설정이지만 오른손잡이인 루크가 로봇 팔을 장착한 이후에도 제다이 생활을 잘해나간 것을 보면 새로운 기계 팔이 원래 팔을 대체하기에 충분했던 것 같다. 영화를 본 사람이라면 누구나 동의하겠지만 라이트세이버Lightsaber라고 부르는 광선검은 찌르기보다는 휘두르기 공격에 더 적합하다. 그렇다 보니 루크가 팔을 잃은 이후에도 많은 주 · 조연급 등장인물의 팔다리가 상대가 휘두른 광선검에 잘려나간다. 팔이나 다리가 잘리는 장면이 어찌나 자주 등장했던지 인터넷에서는 "2015년에 나온 「스타워즈: 깨어난 포스」까지 총 몇 개의 팔다리가 광선검에 잘렸나요?"라는 질문을 놓고 스타워즈 마니아들이 논쟁을 벌이고 있기도 하다. 이들 사이에서도 '주 · 조연의 범위를 어디까지로 볼 것인가' 혹은 '로봇 팔이 다시 잘린 것을 두 번으로 세야 하는가' 등에 따라 약간의 의견 차이가 있긴 하지만 적게는 18개에서 많게는 20개의 팔다리가 잘리는 장면이 나온다고 한다. 하지만 이런 장면이 더 나온다 해도 걱정할 필요가 없다. 루크 스카이워커가 그랬듯이 원래 팔이나 다리와 똑같은 로봇 팔, 로봇 다리를 옮겨 달면 그만이니까 말이다.

하긴 수십만 광년 떨어진 은하계 사이를 순간이동을 하고 행성 하나를 쉽게 파괴할 정도의 가공할 무기가 등장하는 미래 SF 영화에서 '그깟 팔다리 하나 새로 다는 것쯤이야 별것 아니지'라고 생각할 수도 있다. 그런데 사실은 (본문에서 다시 살펴보겠지만) 팔다리를 새로 다는 것도 우주여행을 하는 것 못지않게 어려운 일이다. 이처럼 우리 신체에서 잃어버린 부분을 인공적인 장치로 대체하는 것을 전문적인 용어로 '인공 보철Prosthesis, 人工補綴'이라고 한다. 이 책을 읽고 난 뒤에는 익숙해질 단어다. 잃어버린 신체 부위는 팔이나 다리는 물론 빠진 치아, 볼 수 없는 눈, 망가진 심장이 될 수도 있다. 30여 년 전 다스 베이더와 루크 스카이워커의 부자간 결투를 가슴 졸이며 본방 시청하던 꼬마 소년은 우연인지 필연인지 잃어버린 뇌 기능과 감각기관을 복구하는 기술을 연구하는 생체공학 연구자가 됐다.

뇌공학의 현재와 미래를 이해하기 쉽게 알려주겠노라는 부푼 꿈을 안고 2015년에 펴낸 첫 책『뇌를 바꾼 공학 공학을 바꾼 뇌』가 감사하게도 기대했던 것보다 훨씬 큰 호응을 얻었다. 자라나는 청소년이 내 책을 읽고 뇌과학, 뇌공학에 좀 더 관심을 가지기를 바란 소망이 조금은 이뤄진 듯해 행복했던 지난 2년이었다. 이번에는 방향을 살짝 바꾸어 '생체공학Biomedical Engineering, 生體工學'에 대한 이야기를 풀어보려고 한다. 생체공학은 생체의공학, 의공학 등 다양한 이름으로 부르기도 하는데, 공학 기술을 이용해서 질환을 진단하고 치료하며 망가진 신체 부위를 대체하는 방법을 연구하는 신생 학문 분야다. 로봇 의수나 의족에서부터 혈관 속을 유영하는 나노 로봇, 3D 프린터로 만든 인공 장기, 언제 어디서나 건강 관리를 도와주는 웨어러블 기기, 우리 몸속을 들여다보는 첨단 영상 장비, 빛과 소리로 암을 치료하는 로봇 수술 장비 등이 모두 생체공학의 산물이다. 그런데 중 · 고등학생이나 일반 독자뿐만 아니라 생체공학과에 다니는 학생들조차도 생체공학 분야에서 어떤 최신 연구가 진행되고 있으며, 이런 연구가 미래 의학을 어떻게 바꿀지 잘 모르는 경우가 많아서 늘 안타까웠다. 개인적으로는 무엇보다 첨단 생체공학 기술을 쉽게 설명한 책이 없기 때문이라는 생각이 들었다. 사실은 필자 한 명이 폭넓고 다양한 생체공학의 전 분야를 다룰 수 없기에 각 분야 전문가의 욕을 들을 각오를 단단히 하고 이렇게 펜을 들었다. 처음 기획 때만 하더라도 의료 영상 기기나 생체 재료와 같은 생체공학의 세부 분야까지 모두 다뤄보려고 했지만 (몇 년이 걸릴지는 모르나) 후속 책을 기약하며 이 책에서는 우선 전자공학 기술을 이용해 인체의 잃어버린 운동 기능을 보조하거나 감각 기능을 되살리는 기술 위주로 다루고자 한다. 모쪼록 이 책을 통해 생체공학이라는 생소한 분야가 더 많은 분께 가깝게 다가갈 수 있다면 이를 준비한 지난 1년여간의 노력이 헛되지 않을 것 같다. 마지막으로 책이 세상의 빛을 볼 수 있게 해주신 MID의 최성훈 대표님을 비롯해서 '임창환의 퓨처&바디' 연재를 지원해주신 『과학동아』 윤신영 편집장님, 그리고 지난 몇 달간 애써주신 편집팀 여러분께 감사의 말씀을 전한다.

자, 이제 모두 함께 흥미진진한 생체공학의 세계로 들어가 보자!

contents

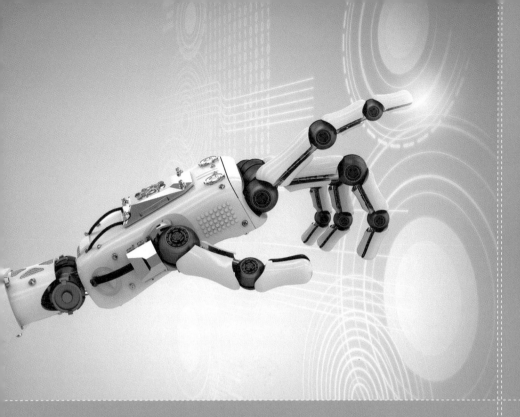

chapter 1

600만불의
사나이는
가능할 것인가

바이오닉 맨의
탄생

전직 우주 비행사이자 미 공군의 테스트 파일럿인 스티브 오스틴 대령은 비행을 하다 불의의 사고를 당해 왼쪽 눈과 오른팔, 두 다리를 잃는다. 마침 과학정보국에서는 위험한 작전을 수행할 사이보그 Cyborg: Cybernetics와 Organism의 합성어로서 기계적 요소가 결합된 생명체를 의미 요원을 만드는 계획을 진행 중이었고, 결국 뛰어난 신체 조건과 건강한 정신을 가진 오스틴 대령을 적임자로 지목한다. 오스틴 대령의 왼쪽 눈, 오른팔, 두 다리를 기계로 대체하는 데 필요한 예산은 총 600만 달러. 수술이 끝난 뒤 오스틴 대령은 20배의 줌Zoom 기능과 열 감지 기능을 갖춘 생체공학 눈과 자동차도 거뜬히 들어 올릴 수 있는 로봇 팔, 시속 100km로 달리고 높은 장애물도 우습게 뛰어넘을 수 있는 튼튼한 로

봇 다리를 갖게 된다. 인류 최초의 바이오닉 맨Bionic Man: Bionics는 Biology
와 Electronics의 합성어로서 전자공학 기술을 생명체에 적용해 사이보그를 만드는 학문 분야를 뜻하지만 넓은 의미에
서는 생물과 공학을 결합한 생체공학을 가리킴. 바이오닉 맨은 사이보그와 유사한 의미로 사용됨으로 명명된
오스틴 대령은 그의 놀라운 능력을 이용해서 인류의 평화를 위협하는
악당들을 무찌르는 슈퍼히어로로 활약한다.

　　1980년대 TV 애청자라면 누구나 기억하고 있을 미국 드라마
「600만불의 사나이The SixMillion Dollar Man」의 대략적인 줄거리다. 지금은 우
리나라 드라마의 위상이 높아져서 한류 열풍을 타고 전 세계에 수출
하기도 하지만 불과 30여 년 전인 1980년대 후반만 하더라도 가족 드
라마나 사극은 있어도 스릴러나 SF와 같은 장르물은 찾기 힘들었다.
그렇다 보니 공중파에서 다양한 장르의 미국 드라마가 프라임 시간대
에 경쟁적으로 전파를 탔고 그중 몇 편의 시리즈물은 지금까지도 종
종 회자되는 '미드의 전설'이 됐다. 파충류 외계인의 지구 침공을 다
룬 SF물 「브이V」, 헬리콥터가 출격할 때 나오는 배경 음악으로 인기
를 끌었던 액션물 「출동! 에어울프Airwolf」, "우리 할아버지는 말씀하셨
지…"라는 대사와 함께 주변의 도구를 이용해 멋지게 위기를 탈출하
던 첩보물 「맥가이버MacGyver」, 자율주행 기능을 갖춘 멋진 인공지능 스
포츠카 '키트'가 등장했던 액션물 「전격 제트 작전Knight Rider」 등은 현
재 40대 이상 중년층의 뇌리에 깊이 각인돼 있다. 「600만 달러의 사
나이」라는 제목으로 재방영되기도 했던 「600만불의 사나이」는 여러
장르가 혼합된 독특한 시리즈물인데, 주인공이 정보기관 특수 요원
으로 범죄 사건을 해결해나가는 첩보물이면서 강력한 능력으로 악당

➔ (그림 2) 「600만불의 사나이」 포스터

을 제압하는 히어로물이기도 하고 현대 과학으로도 완전한 구현이 아직 불가능한 기술이 등장하는 SF물이기도 하다. 원작의 배경인 1970년대의 600만 달러(우리 돈 70억 원)를 현재 물가로 환산해서 리메이크한 「60억불의 사나이The SixBillion Dollar Man」가 개봉 예정이라고 하는데 솔직히 말하면 크게 기대되지는 않는다. 600만불의 사나이 이후 지난 40여 년 동안 로보캅, 아이언맨, 터미네이터 등 수많은 사이보그가 등장했기 때문에 당시만큼의 신선함을 느끼기는 어려울 듯하다.

「600만불의 사나이」를 SF물로 분류한 이유는 현재 과학 기술로는 60억, 아니 600억 달러를 써도 구현이 불가능한 기술이 여럿 등장하기 때문이다. 오스틴 대령의 바이오닉 눈이라든가 오스틴 대령의 여자 친구인 소머즈의 바이오닉 귀에 대해서는 다음 장에서 따로 다루기로 하고 로봇 팔부터 살펴보자. 마음먹은 대로 로봇 팔을 제어하는 기술은 차치하더라도, 우선 인간의 팔과 유사한 형태로 만든 로봇 팔로 원래 인간의 팔보다 더 큰 파워를 만들어내는 일은 쉽지 않다. 커다란 유압 모터 구동용 탱크를 배낭처럼 메고 다니지 않으면 오스틴 대령의 팔은 전기 모터로 구동할 수밖에 없다. 그런데 자신 몸무게의 몇 배나 되는 물체를 들어 올리려면 상당한 파워의 모터가 필수적이다. 모터의 파워는 잘못 설계하지 않았다면 일반적으로 크기에 비례한다. 따라서 오스틴 대령의 팔에 들어갈 정도로 작은 모터로는 무거운 물체를 들어 올리기 어렵다. 모터의 크기를 키우지 않고 파워를 올리기 위해서는 더 강력한 자석을 쓰거나 투자율Permeability[1]이 높은 금속을 써야 하는데 그러면 보통의 경우 모터의 무게가 크게 증가한다. 실제로 투자율이 큰 금속인 뮤메탈Mu-metal은 일반 철에 비해 무게가 10~20% 더 나간다. 가뜩이나 무거운 팔이 더 묵직해지는 것이다. 새로 장착한 팔 때문에 오스틴 대령이 목 디스크에 걸릴 확률도 증가한다. 모터의 파워를 올릴 수 없다면 속도를 희생하고 토크Torque[2]를 증가시키는 방법도 있다. 도르래나 지렛대의 원리를 생각하면 되는데, 기어를 적절하게 배치하면 자동차나 자전거의 저속 기어처럼 속도는 느려져도 토크를 키우는 것이 가능하다. 따라서 오스틴 대령의 경우도 몸무게의 몇 배에 달하는 물체를 들어 올리려면 팔이 달팽이처럼 아주 느리게 움직이면 된다. 하지만 악당에게 무거운 바위나 자동차를 집어 던져야 하는 슈퍼히어로에게는 그다지 적절해 보이지 않는다.

로봇 다리도 마찬가지다. 빠르게 달리기 위해서는 보폭이 증가하지 않는 이상 다리를 앞뒤로 매우 빠르게 움직여야 하는데 시속 100km로 달리려면 분당 약 1.6km는 뛰어야 하고, 보폭을 넉넉하게 잡아서 2.44m라고[3] 가정하더라도 분당 687번(초당 11.4회 정도) 다리를 휘저어야 한다는 계산이 나온다. 하나의 전기 모터가 들어 올려야 하는 무릎 아래 다리의 무게가 적게 잡아 10kg, 모터의 축에서 무릎까지 거리가 약 30cm라면 모터의 토크는 최소 10kg×30cm=300kg·cm≒29.4Nm 정도가 필요하다. 700rpm^{rotation per minute}[4]의 속도와 약 30Nm의 토크를 지닌 모터를 실제로 인터넷 쇼핑몰에서 찾아보면 전기 모터의 무게는 최소 20kg, 크기는 최소 직경 15cm 이상 돼야 한다. 이는 곧 너무 크기 때문에 몸에 넣을 수도 없고 무거워서 달고 다닐 수도 없다는 얘기다. 엉덩이 부근에 20kg짜리 모터 2대를 붙이고 다니다가 혹시 바닥에 주저앉기라도 했다가는 자기 힘으로 일어나기 어려울 테니까 말이다.

이와 유사한 설정상의 문제는 2004년 개봉한 영화 「스파이더맨 2^{Spider-Man 2}」에서도 찾아볼 수 있는데 스파이더맨의 적수로 등장한 사이보그 '닥터 옥토퍼스'의 기계 촉수가 바로 그 예다. 닥터 옥토퍼스의 등에는 긴 뱀 형태의 기계 촉수 4개가 척수 신경과 연결돼 있는데 최근 뱀 형태의 로봇이 많이 발전해서 무게가 가벼워지고 있다고는

〈그림 3〉「스파이더맨2」의 닥터 옥토퍼스

하지만 액추에이터Actuator[5]를 관절마다 넣어야 하기 때문에 촉수 1개당 최소 10kg 이상은 족히 나간다. 행여 등에 촉수를 매달고 있다가 뒤로 넘어지기라도 하면 (마치 등딱지가 무거운 거북이처럼) 스스로 일어나는 일이 쉽지는 않을 것이다. 이뿐만 아니다. 영화에서는 기계 촉수를 제어하는 신호를 척수 신경에서 가져오는 것으로 설정했는데 그러면 자신의 원래 팔다리를 움직일 때 발생하는 신경 신호 때문에 원래 팔다리는 물론 기계 촉수까지 동시에 움직이게 된다. 그렇다고 팔다리는 가만 놔두고 기계 촉수만 제어하는 것도 쉽지는 않다. 물론 원래 팔다리가 움직일 때는 그 변화를 센서가 감지해서 촉수가 작동하지 않도록 고정시키고 반대로 촉수를 가동할 때는 팔다리를 고정시킨 채 팔다리를 움직이는 상상[6]을 통해 촉수를 제어하는 것이 이론적으로는 가능하지만 실제 영화를 보면 닥터 옥토퍼스가 자신의 원래 팔다리를 자유롭게 움직이면서 촉수도 자유자재로 조종한다. 촉수를 쓸 때는 팔다리를 움직일 수 없다는 것을 닥터 옥토퍼스의 약점으로 설정했더라면 영화가 더 재미있어지지 않았을까?

로봇을 입다
중세 기사에서 외골격 로봇까지

재미있자고 만든 영화에 왜 딴죽을 거느냐고 불평하는 독자가 있을지도 모르겠다. 영화의 재미를 방해하고 싶은 의도는 없지만 영화 속의 SF 기술이 실제로 구현 가능한 것인지를 생각해보는 일은 영화를 보는 것만큼이나 재미있다. 「600만불의 사나이」에서와 달리 「로보캅Robocop」(1987년)이나 「아이언맨Iron Man」(2008년) 같은 영화에서는 잃어버린 다리를 대체하거나 다리의 운동 능력을 향상시키기 위해서 로봇 다리를 바지처럼 '입는' 방식을 채택했다. 이렇게 하면 로봇의 골격 자체가 몸을 튼튼하게 지탱해주기 때문에 모터의 무게로 인해 몸에 무리가 가는 것을 방지할 수 있으니 훨씬 더 현실적인 방법이라고 하겠다. 이와 같은 '입는 로봇'을 흔히 '외골격 로봇Robotic Exoskeleton'이라고 한다. '외골격'은 몸 밖에 있는 골격이라는 뜻이다. 곤충이나 갑각류는 뼈 대신 표피에 딱딱한 껍데기가 발달했는데 이런 골격을 외골격이라고 부른다. 사실 '로봇'의 개념을 뺀다면 중세 시대 기사의 갑옷도 일종의 외골격이라고 할 수 있다. 외골격 로봇은 많은 SF 영화에서 단골 소재로 등장했다. 「매트릭스3: 레볼루션The Matrix Revolutions」(2003년)에서 사이온Zion을 향해 끊임없이 밀려 들어오는 기계 군단에 기관총을 발사하던 전투 로봇과 「아바타Avatar」(2009년)에서 인간 군대가 주력으로 사용하는 지상용 전투 로봇, 그리고 「엣지 오브 투모로우Edge of Tomorrow」(2014년)에서 주인공 톰 크루즈가 외계 군단과 싸울 때 입고 있었던 로봇 슈트 등이 그 예다.[7]

외골격 로봇은 군사용으로 활발히 개발되고 있다. 그런데 착용자의 몸을 보호하거나 빨리 달리고 높이 뛰도록 하기보다는 무거운 물건을 들어 올리거나 무거운 배낭을 메고도 체력 소모를 줄이는 것을 주요 목적으로 한다. 2013년 러시아에서 개발한 엑소아틀렛ExoAtlet이라는 외골격 로봇은 착용자가 무려 100kg을 들어 올릴 수 있게 한다. 2015년 중국 병기그룹 202 연구소에서 개발한 외골격은 착용한 상태에서 지면 포복 같은 복잡한 동작을 하는 것이 가능하며 보조 장치를 달면 50kg까지 거뜬히 들어 올릴 수 있다. 걷는 속도가 시속 4km로 조금 느리지만 35kg의 배낭을 메고 20km나 걸어도 큰 무리가 없다. 이 외에도 미국의 방위산업체인 록히드마틴이 개발한 외골격 로봇 헐크HULC는 91kg의 물건을 들고 20km까지 운반할 수 있는 능력을 갖추었다. 이런 방식의 외골격 로봇은 착용자가 팔다리를 움직이려고 하

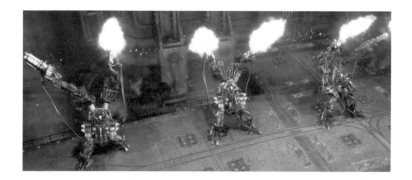

(그림 4) SF 영화에 등장하는 동력식 외골격 로봇. 위에서부터 「매트릭스」와 「아바타」, 「엣지 오브 투모로우」의 한 장면

는 의도를 외골격 내에 부착된 압력 센서나 자이로 센서[8]와 같은 다양한 기기로 측정해서 외골격 관절에 달린 모터를 작동시킴으로써 힘을 증폭시킨다. 이런 방식을 동력식 외골격Powered Exoskeleton 시스템이라고 한다. 그런데 모터를 사용하는 로봇 팔이나 다리는 모터 자체의 중량 때문에 무겁게 마련이다. 아무리 외골격이 무거운 모터를 지탱한다고 하더라도 육중한 본체의 무게 균형을 잡기 위해서는 이동 동작이 굼떠질 수밖에 없다. 그렇다 보니 전투 요원이 착용하면 너무 느려서 적의 집중 타깃이 되기 십상이다. 영화 속 외골격 로봇을 떠올린 독자에게는 다소 실망스러운 얘기겠지만 현실에서 외골격 로봇의 역할은 후방에서 짐을 나르거나 공사를 하는 공병의 체력을 아껴주는 정도가 전부다.

그래서 최근에는 별도의 동력을 사용하지 않고 사람이 걸을 때의 다리 근육이나 힘줄의 움직임을 모방해 걷기, 달리기, 높이뛰기 등의 동작에 필요한 에너지를 줄여주는 외골격 로봇을 개발하는 것이 유행처럼 번지고 있다. 이 분야에서 가장 앞선 곳으로 평가받는 미 해군은 방위산업체 록히드마틴과 함께 포티스FORTIS라는 이름의 비동력식 외골격Unpowered Exoskeleton 시스템을 개발하고 있는데, 이를 사용하면 근육 피로도를 무려 30%나 감소시킬 수 있다고 한다.

외골격 로봇은 군사용으로 먼저 개발했지만 최근에는 의료용으로 활용하려는 시도도 있다. 지금까지 하반신 마비 환자는 이동을 하려면 주로 휠체어를 사용했다. 그런데 실제로 휠체어를 이용하는 사람들은 계단을 오르거나 문턱을 넘어가기 어렵다며 불편을 호소한다.

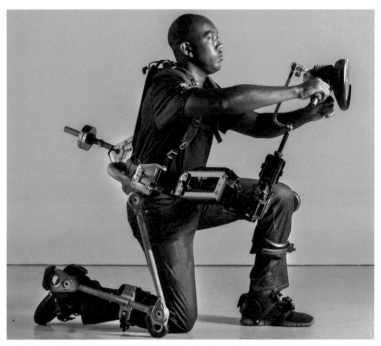

➡ (그림 5) 미 해군이 개발 중인 비동력식 외골격 시스템 포티스(FORTIS)
    출처: 록히드마틴

무엇보다 그들은 휠체어에서 벗어나서 보통 사람들처럼 두 발로 걷
고 싶어 한다. 그래서 하지 마비 환자가 마비된 두 발로 일어나 다시
걸을 수 있도록 도와주는 동력식 외골격 시스템이 개발되고 있다. 이
분야에서 가장 앞선 기업은 이스라엘에 본사를 둔 리워크 로보틱스
Rewalk Robotics다. 이 회사는 '리워크Rewalk'라는 이름의 동력식 외골격 로봇
다리를 판매한다. 이 제품은 등에 메는 큰 배낭과 거기서 뻗어내려 온
앙상한 두 로봇 다리로 구성돼 언뜻 볼품없어 보이기도 한다. 하지만
이 로봇 다리의 개발을 위해 10년 이상을 투자하며 최첨단 IT 기술을

총동원했다. 리워크에 장착한 센서는 사용자의 무게 중심이 이동하는 것을 감지해서 다리에 연결된 구동 모터를 자동으로 작동시킨다. 리워크의 한계는 아직 온전히 두 다리로만 서서 걸을 수 없다는 데 있다. 로봇이 이족 보행을 제대로 하려면 한쪽 다리만으로도 중심을 잡고 서는 게 가능해야 한다. 그런데 머리부터 발끝까지 완전한 제어가 가능한 휴머노이드^{Humanoid} 로봇과 달리 리워크의 상반신은 제어가 불가능한 사람의 상체이기 때문에 실시간으로 몸체의 무게 중심을 잡아 주기가 매우 어렵다. 그래서 리워크 사용자들은 아직 양손에 목발 같은 지팡이를 짚고 걸어야만 한다. 이런 한계에도 불구하고 1대에 1억 원에 달하는 이 시스템을 사용하기를 고대하는 하지 마비 환자가 아주 많다. 그들은 그저 두 발로 걷고 싶기 때문이다. 리워크 홈페이지 (http://rewalk.com)를 방문하면 사용자들의 인터뷰 영상을 볼 수 있는데, 그중 가장 잘 알려진 이는 클레어 로머스^{Claire Lomas}라는 영국 여성이다. 그녀는 2007년에 말을 타다 떨어지는 사고로 하반신이 마비됐는데 2012년에 리워크를 착용하고 런던 마라톤에 출전해 17일간 쉬지 않고 달려 42.195km를 완주한 것으로 유명하다. 그녀가 도착 지점을 통과하는 순간 수많은 사람이 길가에 나와 그녀의 기적적인 완주를 진심으로 축하했음은 물론이다.

2016년 10월 스위스 취리히에서는 '사이배슬론^{Cybathlon}'이라는 이름의 이벤트가 개최됐다. 사이배슬론은 전자 의수, 전자 의족, 전동식 휠체어 등을 착용(탑승)한 장애인들이 주어진 임무를 빠르고 정확하게 수행하는 것을 목표로 우열을 겨루는 일종의 '바이오닉 맨 올림

⟶ (그림 6) 리워크를 착용하고 2012년 런던 마라톤에 참가한 클레어 로머스의 모습
　　출처: Wikipedia Commons

픽'이다. 종목 중에는 동력식 외골격 로봇을 착용하고 장애물을 빠르
게 통과하는 것도 있었는데, 우리나라에서 출전한 서강대 기계공학과
공경철 교수 연구팀이 리워크팀 등에 이어 동메달을 차지하는 쾌거를
거두었다. 열악한 연구 환경에서 거둔 성과이기에 더욱 자랑스러운
결과가 아닐 수 없다.

　하지 마비 장애인을 위한 동력식 외골격 로봇에서 지팡이를 없
애는 방법은 크게 두 가지다. 가장 쉬운 방법은 영화 「매트릭스3」나
「아바타」에서처럼 로봇의 하체를 아주 크게 만든 다음에 로봇 슈트를

'입지 않고 올라타는' 것이다. 이렇게 하면 로봇 하체가 사람 몸무게에 비해 아주 무거워서 사람 상체의 움직임에 거의 영향을 받지 않는다. 다른 하나는 리워크처럼 입는 형태의 외골격 로봇 슈트를 착용하되 실시간으로 상체의 움직임을 감지해서 자세의 균형을 잡아주는 방법이다. 최근에는 컴퓨터공학의 발전에 힘입어 실시간으로 무게 중심의 변화를 알아내는 것이 가능해졌지만 쓰러지려는 몸체를 바로 일으켜 세우기가 기술적으로 더 어렵다. 하지만 지금껏 인류가 불가능하다고 여겼던 수많은 문제를 혁신적인 방법으로 해결해왔다는 사실을 떠올린다면 현재 6세대인 리워크가 10세대쯤으로 진화할 때는 이 같은 문제가 해결되리라 기대한다. 물론 국내 연구진이 이 일을 해낸다면 더할 나위 없이 좋겠지만 말이다.

대학원 석사과정에 입학했을 때, 필자가 처음 받은 연구 주제는 하드디스크의 자기 헤드Magnetic Head를 새롭게 설계해서 10GB이던 용량을 20GB로 키우는 것이었다. 필자를 지도해주던 박사과정 선배가 "인간의 기술로 만들 수 있는 하드디스크의 최대 용량은 100GB다"라고 이야기하는 것을 듣고 "내가 그 한계를 뛰어넘어 보겠노라"고 주먹을 불끈 쥐고 다짐하기도 했다. 물론 그 꿈은 연구를 시작하고 불과 두 달쯤 지나 200GB 하드디스크가 개발됐다는 단편 기사를 접한 뒤 신기루처럼 사라졌다. 이처럼 현재는 불가능해 보이는 기술도 세계 어딘가에서 밤 늦게까지 불을 밝히고 연구하는 한 박사과정 학생에 의해 해결될지 모른다. 필자가 18년 전 '로봇공학' 과목을 처음 배울 때에는 이족 보행 로봇이 계단을 오르게 하는 것이 가장 어려운 문제라고 했는데 지금은 등산을 하는 로봇도 등장했으니 말이다. 이처럼 빠른 기술 발전 속도를 감안한다면 하지 마비 장애인이 지팡이의 도움 없이 새로운 로봇 다리로 걷고 달리는 일이 10년 이내에 가능해지지 않을까?

신경가소성과
외골격 로봇의 새로운 가능성

외골격 로봇은 뇌졸중^{Stroke} 환자의 재활 운동에도 쓸 수 있다. 뇌졸중은 흔히 '중풍'이라고도 하는데, 뇌혈관이 막혀 뇌의 일부가 죽는 뇌경색^{Cerebral Infarction}과 뇌혈관 벽의 약한 부분이 터져 출혈이 일어나는 뇌출혈^{Cerebral Hemorrhage}로 나눌 수 있다. 뇌졸중은 우리나라에서 질환으로 인한 사망 원인 중 3위를 차지하고 있는데 1위인 암을 폐암, 위암, 대장암과 같이 발생 부위별로 나눌 경우 2위에 오를 만큼 무서운 병이다. 물론 요즘에는 응급 의료 시스템이 잘 갖춰짐에 따라 조기 치료를 하는 경우가 늘어 사망률이 점차 감소하고 있다고 한다. 그럼에도 불구하고 고령화 사회가 돼가고 육류 섭취가 증가하면서 뇌졸중 환자의 수는 오히려 늘어나는 추세다. 그렇다 보니 죽음에는 이르지 않았지만 뇌의 운동 영역 일부분에 손상을 입어서 팔다리의 움직임이 마비된 환자의 수가 크게 증가하고 있다. 과거에는 뇌졸중에 걸리면 팔이나 다리가 마비된 것을 그냥 숙명으로 받아들이고 살았다. 목숨이라도 건진 것을 신에게 감사해 하면서 말이다. 그도 그럴 것이 과거에는 뇌가 한 번 망가지면 다시는 회복이 불가능하다고 믿었다. 실제로도 뇌세포는 죽으면 다시 살아나지 않는다. 최근 해마Hippocampus[9] 신경세포의 일부가 재생되는 것이 보고된 적이 있지만 이는 극히 예외적인 사례일 뿐이다.

비록 신경세포는 한 번 죽고 나면 재생되지 않지만 인간이나 동물의 뇌는 성인이 된 뒤에도 기능이나 구조가 얼마든지 변할 수 있다. 그런데 이제는 누구나 알고 있는 이 사실이 실험을 통해 검증된 것은 불과 40여 년 전인 1978년의 일이다. 미국 UC 샌프란시스코의 마이클 머제니치Michael Merzenich 교수는 올빼미원숭이의 오른손 중지를 칼로 자른 뒤 중지 대신 검지와 약지를 계속 사용하게 했다. 그러자 놀랍게도 원래 원숭이 뇌에서 중지를 담당하던 영역을 검지와 약지가 대신 사용하는 현상을 관찰할 수 있었다. 이처럼 뇌의 기능이 뇌를 어떻게 사용하느냐에 따라 바뀌는 현상을 '신경가소성Neuroplasticity' 또는 '뇌 가소성Brain Plasticity'이라고 한다. 후천적으로 시력을 잃어버린 이후 청각이나 촉각과 같은 다른 감각이 더 발달하는 것도 모두 신경가소성 때문이다. 신경가소성은 뇌의 기능뿐만 아니라 구조를 바꾸기도 한다. 반복해서 특정한 뇌 기능을 자주 사용하면 이를 관장하는 해당 뇌 영역에 있는 신경세포Neuron의 축삭돌기Axon를 감싼 지방질 조직인 수초Myelin

가 발달하고, 이는 신경세포의 정보 전달 속도를 더욱 빨라지게 한다. 이런 훈련이 지속적으로 반복되면 뇌의 특정한 영역의 부피가 커지거나 대뇌피질의 두께가 두꺼워지기도 하고 뇌 영역 사이를 연결하는 신경섬유의 수가 증가하는 등의 드라마틱한 변화도 일어난다.

인간 뇌의 신경가소성을 보여주는 사례는 수없이 많은데, 가장 유명한 것은 2006년 영국 유니버시티 칼리지 런던University College London 연구팀이 발표한 '런던 택시 운전기사'와 관련된 연구다. 런던에서는 택시 운전기사 면허를 받으려면 런던의 거미줄처럼 얽힌 도로망과 지명을 모두 외워야 한다. 재미있게도 런던 택시 운전기사와 일반인의 뇌를 비교해봤더니, 택시 운전기사는 일반인에 비해 장기 기억과 공간 지각을 관장하는 해마 영역의 회백질이 더 두꺼웠다고 한다. 2010년에는 미국 연구팀이 스트레스를 많이 받는 성인 26명을 대상으로 8주간의 스트레스 저감 훈련을 수행하게 했는데 거의 모두에게서 뇌의 편도체Amygdala 부위 크기가 감소하는 현상을 관찰했다. 편도체는 인간의 불안과 두려움을 관장한다고 잘 알려져 있다. 이 같은 사례는 생활습관의 개선이나 지속적인 학습을 통해 우리 뇌를 후천적으로 변화시킬 수 있음을 보여준다. 지속적인 육체적 운동으로 근육이 발달하는 것처럼 뇌도 꾸준히 사용하면 얼마든지 발달시키고 변화시키는 것이 가능하다는 뜻이다.

물론 이런 변화는 20대 이전, 소위 '뇌가 굳기 이전'에 더욱 뚜렷하게 발생한다. 어릴 때의 습관이나 주위 환경이 그 사람의 인격과 성향을 결정짓는 중요한 요인이 된다는 의미이기도 하다. 성인의 경우

어릴 때보다 신경가소성이 약하기는 하지만 끊임없는 노력을 통해 얼마든지 뇌를 긍정적인 방향으로 변화시킬 수 있다. 2013년에는 보수적이기로 둘째가라면 서러워할 과학 학술지『네이처』의 표지에 컴퓨터 게임 장면이 등장하는 '대박 사건'이 발생했다. UC 샌프란시스코 연구팀은 60세 이상의 노인들을 대상으로 '뉴로레이서Neuroracer'라는 이름의 3차원 레이싱 게임을 4주간 난이도를 높여가며 연습을 시킨 다음 변화를 관찰했다. 그 결과 거의 대부분의 노인이 훈련받지 않은 20대 젊은이들보다 게임에서 고득점을 기록한 것은 물론이고 멀티태스킹 능력, 단기 기억 및 집중력 유지 능력 등과 같은 다양한 인지 능력과 뇌파 패턴이 4주 전에 비해 크게 향상된 것으로 나타났다(심지어 멀티태스킹 능력은 10대 수준으로 회복됐다). 2014년에는『네이처』자매 학술지에 더욱 흥미로운 논문이 발표됐는데, '슈퍼마리오가 구조적인 뇌 가소성을 유발시키는가?'라는 제목의 논문이었다. 독일 막스-플랑크 연구소 연구팀은 20~30대 일반 성인을 대상으로 하루 30분씩 매일 3차원 슈퍼마리오 어드벤처 게임을 하게 했더니 2개월 후에 공간 지각, 기억, 운동 능력 등을 담당하는 뇌 부위인 해마나 배외측 전전두피질DLPFC, 소뇌 등의 피질 두께가 유의미하게 증가했다고 보고했다.

2016년 7월 초 전 세계 언론은 악셀 클레레만스Axel Cleeremans라는 벨기에 출신 인지심리학자의 연구 발표를 주목했다. 그는 아르헨티나 부에노스아이레스에서 개최된 '의식에 대한 과학적 연구를 위한 협회 Association for the Scientific Study of Consciousness'의 정기 학술대회에 참가해서 "인간의 의식Consciousness은 타고나는 것이 아니라 지속적이고 의식적으로 학습하는 것이고, 뇌의 일부가 망가지거나 변하더라도 학습을 통해서 의식을 복구하거나 유지할 수 있다"는 새로운 이론을 발표했다. 그가 근거로 제시한 사례는 2007년에 저명한 의학 학술지인 『래싯Lancet』에 소개된, 당시 44세이던 프랑스 남성의 사례다. 그는 14세 이후부터 30년간 뇌의 일부분이 아주 천천히 뇌척수액에 의해 침식돼 44세가 됐을 때는 90%가 침식된 상태에 이르렀다. 그런데 놀라운 사실은 그가 30년간 자신의 뇌에 대해 이상을 전혀 느끼지 못했다는 것이다. 그는 (다소 낮기는 하지만) 지능지수가 75나 됐고[10] 두 아이의 아빠이자 공무원으로서 원만한 사회생활을 해왔다. 만약 그가 왼쪽 다리가 약간 약해진 듯한 느낌이 들어 병원을 찾지 않았더라면 자신의 뇌 속 대부분이 비어 있다는 사실조차 알지 못했을 것이다. 이 프랑스 남성의 사례가 발표되기 전까지는 의식이 태어날 때부터 뇌의 여러 부위에 흩어져 있다는 것이 일반적인 믿음이었기 때문에 이처럼 뇌가 심하게 손상된 상태에서도 의식이 유지될 수 있다는 사실은 많은 학자들을 혼란에 빠뜨렸다. 클레레만스 교수는 자신의 이론을 이 프랑스 남성에게 대입해서, 지난 30년간 아주 천천히 뇌가 침식되면서 '학습 과정에서 습득한 의식'이 인접한 (살아 있는) 뇌 부위로 옮겨갔을 것이라고 설명했다. 마치 머제니치 교수 실험에서 올빼미원숭이의 중지 영역을 검지와 약지 영역이 차지해버린 것처럼 말이다. 이 프랑스 남성의 사례는 심지어 '의식'이라고 부르는 뇌의 고등 기능마저도 지속적인 뇌 사용을 통해서 회복하거나 유지하는 것이 가능함을 보여준다.

　다시 뇌졸중 이야기로 돌아와서, 갑작스러운 뇌졸중에 의해 오른

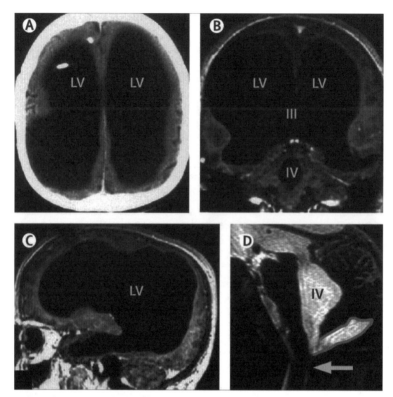

⟶ (그림 7) 뇌의 90%가 망가진 상태에서도 의식을 가지고 정상 생활을 한 프랑스 남성의 뇌 MRI 사진. 영상에서 검은색 부분이 뇌척수액이 들어찬 영역이다.
출처:Lionel Feuillet, Henry Dufour, and Jean Pelletier, Brain of a white-collar worker, Lancet 370 (2007) 262

팔을 움직이는 뇌 영역(왼쪽 대뇌의 운동 영역)이 손상된 남성이 있다고 가정해보자. 그는 뇌졸중 발생 직후 빠른 응급 조치 덕분에 오른팔을 움직일 수는 없어도 팔의 감각은 살아 있다. 이런 그에게 의사가 해줄 수 있는 일은 무엇일까? 앞서 나열한 신경가소성의 사례를 떠올린다면 답은 의외로 쉽다. 오른팔을 움직이는 뇌 영역을 계속해서 '호출'

하면 된다. 그러면 이 영역이 필요하다는 뇌의 자체적인 판단에 따라[11] 손상된 운동 영역 주위에 있는 '덜 쓰는' 뇌 영역에 오른팔의 운동 기능이 옮겨갈 수 있다. 그런데 문제는 그가 오른팔을 전혀 움직일 수 없다는 데 있다. 움직일 수도 없는데 어떻게 오른팔 운동 영역을 호출할 수 있을까? 재활의학자들은 '자기수용감각Proprioception'이라는 인간의 고유한 감각을 활용하면 스스로 오른팔을 움직이는 것이 불가능해도 오른팔 운동 영역을 호출할 수 있다는 사실을 알게 됐다. 자, 다들 눈을 감은 채로 오른팔을 한번 움직여보자. 여러분은 팔의 움직임을 눈으로 보고 있지 않아도 자신의 팔과 손이 어디에 위치했는지 분명하게 느낄 수 있다. 손과 팔에 가해지는 중력에 의해서, 혹은 팔을 움직일 때 관절과 근육과 피부에 전달되는 미세한 감각 정보에 의해서, 우리는 시각적인 정보가 전혀 없어도 자신의 팔다리 위치를 안다. 팔다리를 움직일 수 있어도 감각을 잃어버린 사람은 눈을 감은 상태에서는 어떤 물체도 잡지 못한다. 이처럼 자신의 팔다리 위치를 감지하는 감각을 자기수용감각 또는 고유수용성이라고 한다. 만약 팔의 위치가 시시각각으로 변한다면 그 정보(자기수용감각)는 일단 대뇌의 체성감각피질Somatosensory Cortex로 전달된 뒤 다시 인접한 (팔의 운동을 담당하는) 대뇌 운동 영역으로 전송된다. 대뇌 운동 영역에서는 현재 팔의 위치 정보를 파악해서 곧바로 이어질 다음 운동을 준비해야 하기 때문에 정보를 계속해서 받아들여야만 한다. 따라서 오른팔을 움직일 수 없는 뇌졸중 환자는 누군가가 그의 팔을 잡고 앞뒤로 흔들어주는 것만으로도 오른팔의 운동 영역을 계속해서 호출할 수 있다. 오른팔 운동 영역이 사라지고 없을지라도 계속해서 그 영역을 불러내면 머제니치 교수의 올빼미원숭이 실험에서처럼 잘 쓰지 않는 다른 뇌 영역이 오른팔 운동 영역으로 대체될 수 있다. 이때 주의할 점은 오른팔을 그냥 앞뒤로만 흔들면 이와 관련된 운동 영역만 발달한다는 점이다. 우리 팔은 아주 복잡하고 미묘한 움직임도 가능하므로 무려 수백 가지에 달하는 다양한 형태의 동작을 할 수 있다고 알려져 있다. 록그룹 기타리스트나 클래식 피아니스트의 현란한 손놀림을 떠올린다면 쉽게 수긍이 가는 대목이다. 따라서 마비된 팔을 움직여줄 때도 실생활에서 많이 쓰는 다양한 팔 동작에 맞춰야 한다.

자, 이제 다시 다리 이야기로 돌아가 보자. "다리의 가장 중요한 기능은 무엇일까?"라고 묻는다면 누구나 망설임 없이 '걷기'라고 답할 것이다. 날마다 걸어 다니는 우리는 두 발로 서서 걷는 것이 별일 아니라고 생각하지만 두 다리로 땅을 딛고 42.195km를 우아하게 달릴 수 있는 동물은 지구상에서 인간이 유일하다. 심지어 두 다리로 서서 안정적으로 걷는 로봇이 개발된 것도 불과 10여 년밖에 지나지 않았다. 인간의 무거운 상체를 짊어지고 실시간으로 몸의 무게 균형을 잡으면서 걸음을 내딛는 것은 대퇴부에서 발끝까지 여러 관절과 근육이 순차적으로 조화롭게 협업을 해야만 가능한 일이기 때문이다. 그러므로 뇌졸중에 걸려 다리의 운동 영역이 손상된 환자를 다시 걷게 하기 위해서는 실제로 걷는 것과 똑같이 다리를 움직여주어야 한다. 다른 사람이 다리를 잡고 앞뒤로 흔들어주는 것도 대뇌 운동 영역을 자극하기는 하겠지만 아무래도 효과가 떨어진다. 이런 경우 외골

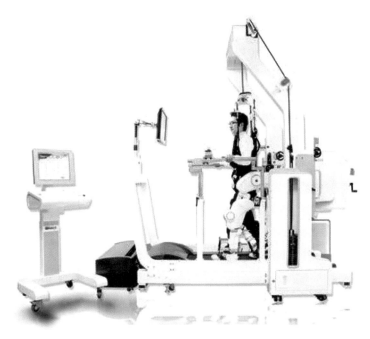

격 로봇이 강력한 힘을 발휘할 수 있다. 다만 다리를 못 움직이는 환자는 외골격 로봇을 입고 장시간 땅 위를 걷는 것이 어렵기 때문에 외골격 로봇을 멜빵바지 형태로 만들어서 천장에 매달고 환자를 올라타게 한 다음 트레드밀(러닝 머신) 위를 걷게 한다. 이미 외국에서는 이런 형태의 로봇이 재활 병원에 많이 보급됐고 우리나라에도 이를 만드는 회사가 설립돼서 세계 시장을 공략하고 있다. 가까운 미래에는 뇌-컴퓨터 접속Brain-Computer Interface[12] 기술을 접목해서 환자가 걷고자 하는 의도를 읽어내 이에 따라 외골격 로봇 다리를 움직이게 하는 신기술이

보급될 것으로 보인다. 환자가 걷고자 하는 생각을 하는 것도 대뇌의 잃어버린 운동 영역을 호출하는 좋은 방법이기 때문에 단순히 다리만 움직여주는 것보다 재활 효과가 더 높다.

외골격 로봇 기술은 계속해서 새로운 응용 분야를 찾아가고 있다. 2016년에는 영국 임피리얼 칼리지 런던Imperial College London의 베니 로Benny Lo 교수 연구팀이 파킨슨병Parkinson's Disease 환자가 착용할 수 있는 외골격 로봇 팔을 개발했다고 발표했다. 이 병에 걸리면 보통 손을 심하게 떨기 때문에 물건을 집거나 문고리를 잡고 문을 여는 등의 동작이 어려워진다. 로 교수가 개발한 외골격 로봇 팔은 손의 떨림을 자동으로 감지해 상쇄함으로써 로봇 팔이 떨리지 않게 할 뿐만 아니라 착용자의 의도를 읽어서 정밀한 손동작을 가능하게 한다. 앞으로 수명이 계속해서 증가하고 고령화 인구가 늘어날수록 파킨슨병과 같은 퇴행성 뇌 질환 환자는 증가할 것으로 예상된다. 외골격 로봇 팔 기술이 더욱 발전해서 많은 뇌 질환 환자에게 한 줄기 희망의 빛이 되기를 기대한다.

- - - - - - - -

걸음을 선물하는 제2의 다리
바이오닉 다리

앞서 소개한 외골격 로봇은 본인의 다리가 있지만 마비가 돼 움직일 수 없는 사람이 다시 걸을 수 있게 해준다. 하지만 사고나 질병 때문에 또는 선천적으로 한쪽 다리 혹은 두 다리 모두가 없는 사람에게는 없는 다리를 대체할 새로운 다리가 필요하다. 해적이 등장하는 서양의 고전 소설들을 보면 어김없이 등장하는 인물이 바로 외다리 해적이다. 거친 항해 중 사고로 다리를 잃은 선장들이 긴 원통형의 책상 다리처럼 생긴 나무 의족Peg Leg을 달고 어깨에는 앵무새를 올린 채 절뚝거리며 등장하는 장면은 영화나 만화에서도 자주 보아 익숙하다. 영화「킹스맨Kingsman」(2014년)의 가젤Gazelle은 칼날 의족을 장착하고는 무시무시한 전투 능력을 보여주기도 했는데, 실제로 가젤의 것과 유

(그림 9) 다리를 잃은 선장의 긴 원통형의 책상 다리처럼 생긴 나무 의족

(그림 10) 영화 「킹스맨」의 가젤(왼쪽 아래)과 오스카 피스토리어스(오른쪽 아래). 원래 가젤 역으로 오스카를 섭외하고자 했으나 당시 여자 친구 살인 혐의를 받고 있어서(지금은 무죄 판결을 받았음) 고사했다고 전해진다.
출처: Wikipedia Commons

사하게 생긴 의족을 달고 인간의 한계에 도전한 육상 선수 오스카 피스토리어스Oscar Pistorius는 우리에게도 잘 알려져 있다.

소실된 다리를 대체하는 의족의 역사는 생각보다 아주 오래됐다. 현세에 남아 있는 실물 증거는 없지만 4000여 년 된 인도의 『리그베다Rig-Veda』[13]의 시구 중 비쉬플라 여왕Queen Vishpla에 대한 시에는 여왕이자 여전사였던 비쉬플라가 켈라의 전투Khela's Battle에서 한 다리를 잃었고, 치유의 신인 애슈빈스Ashvins가 그녀에게 철로 만든 다리를 만들어 주어서 다시 달릴 수 있게 됐다는 이야기가 나온다. 일부 독자는 힌두교 경전에 나오는 신화 같은 이야기로 의족의 역사를 시작하는 것을 다소 억지스럽다고 생각할지 모르겠다. 물론 그 의족의 실체가 그림이든 실물이든 간에 현재까지 남아 있는 것도 아니고, 대장장이가 아니라 인간의 몸에 말의 얼굴을 한 쌍둥이 신이 의족을 만들었다는 기록을 바탕으로 '최초의 의족이 무려 기원전 2000년경에 만들어졌다'는 결론을 내리기는 어려운 것이 사실이다. 그럼에도 불구하고 잃어버린 다리를 대체하는 의족이 무려 4000여 년 전에 실제로 존재했을지도 모른다는 간접적인 증거는 있다.

2000년에 독일 뮌헨에 있는 루드비히-막시밀리안 대학Ludwig-Maximilians University의 안드레아스 네를리히Andreas Nerlich 교수 연구팀은 기원전 1000년 즈음에 지어진 이집트 피라미드 묘실에서 발견된 한 여성 미라에 대한 연구 결과를 저명 학술지 『랜싯』에 발표했다. 이집트의 카이로 박물관에 보관된 이 미라는 보존 상태가 비교적 양호한 편이어서 왼쪽 대퇴골과 양손을 제외한 다른 부분의 뼈는 온전히 남아 있는 상태였다. 사망 당시 나이는 50대이며, 키가 170cm에 이를 정도로 발육 상태가 좋았던 것으로 보아 부유한 귀족이나 왕족이었을 것임을 쉽게 짐작할 수 있었다. 그런데 이집트 피라미드에서 발견된 수많은 미라 중 유독 이 미라가 연구자들, 특히 의학자들의 관심을 끈 이유는 따로 있었다. 사실 이 여성 미라는 오른발 엄지발가락이 없는 상태로 발견이 됐는데 잘린 발가락 부위에 피부가 덮여 있는 상태로 미뤄 보아 발가락은 사망 이후가 아닌 살아생전에 소실됐음이 틀림없었다. 여기까지만 해도 특별히 새로울 것은 없어 보인다. 그런데 이 여성 미라의 엄지발가락 자리에는 나무로 깎아 만든 발가락 모형이 하나 놓여 있었다. 이 나무 발가락은 발톱까지도 정교하게 조각돼 있을 뿐 아니라 이집트인들의 피부색과 유사한 적갈색 물감으로 칠까지 돼 있었다. 게다가 가죽끈을 이용하면 2개의 다른 나무 조각과 결합해 발에 끼울 수 있는 형태로 만들어져 있었다(그림 11 참고).

　　학자들은 이 나무 발가락을 실물로 남아 있는 최초의 인공 보철[14]로 볼 수 있는지를 두고 논쟁을 시작했다. 일부 학자는 이것이 잘린 발가락을 대체하기 위한 것이 아니라 고대 이집트 시대에는 주로 샌들을 신고 생활했기 때문에 미관상 좋게 보이려고 만든 것이라고 주장했다. 그들의 의견이 맞는다면 이 나무 발가락은 인공 보철이라기보다는 디자인이 독특한 신발의 일부로 보는 것이 더 타당할 것이다. 관건은 이 가짜 발가락이 과연 기능적으로 걷기 능력을 향상시키는가를 밝히는 것에 있었다. 이 케케묵은 논란은 『랜싯』에 논문이 발표된 이후 무려 11년이 지난 2011년이 돼서야 영국 맨체스터 대학University of

◦⬤ (그림 11) 이집트 피라미드에서 발견된 나무로 만든 가짜 발가락
　　출처:Jacqueline Finch, The ancient origins of prosthetic medicine, Lancet 377
　　(2011) 548-549

Manchester 생명과학과 재클린 핀치Jacqueline Finch 교수의 연구로 일단락됐다

(그의 연구 역시 『랜싯』에 보고됐다).

　　핀치 교수는 우선 피라미드에서 발견된 나무 발가락과 똑같이 생

긴 발가락 모형을 제작했다. 그런 다음 오른쪽 엄지발가락이 소실된

2명의 자원자를 찾아냈다. 핀치 교수는 그들에게 발가락 모형을 발에

착용했을 때와 착용하지 않았을 때 각각 10m씩 걸어보도록 주문했

다. 동시에 그는 방 안에 설치한 10대의 카메라로 그들의 걸음걸이 패

턴을 분석하고, 특수 매트를 바닥에 깔아서 걷는 동안 발에 미치는 압

력의 분포를 알아냈다. 결과는 놀라웠다. 자원자들은 발가락 모형을

발에 착용하면 그러지 않았을 때보다 더 편안하고 자연스러운 걸음을

걸었다. 발에 전달되는 압력도 발가락 모형을 착용했을 때는 발바닥 전체에 골고루 전달됐지만 착용하지 않았을 때는 발의 특정 부분에만 집중됐다. 이렇게 압력이 일부에 집중되면 오래 걷거나 자연스럽게 걷기 어렵다. 더욱 재미난 발견은 2명의 자원자가 고대 이집트 시대의 샌들을 신고 걸을 때 발가락 모형을 착용하면 맨발로 걸을 때보다 더욱 정상적인 걸음걸이가 가능했다는 것이다. 이로써 고대 이집트 시대의 발가락 모형은 단지 아름답게 보이기 위한 것이 아니라 당시 최고의 생체공학 기술을 총동원해 설계한, 현존하는 가장 오래된 인공 보철이라는 것이 증명됐다.

남아 있는 의족 중 가장 오래된 것은 남부 이탈리아 카푸아Capua라는 도시에서 발견된 청동과 나무로 만든 다리로 기원전 300년경 로마 시대 것으로 추정된다. 이 의족은 런던에 보관돼 있었는데 제2차 세계대전 초 런던 대공습 때 파괴돼 사라졌다. 다행히도 이 다리를 똑같이 모방한 복제품이 남아 있어서 2000여 년 전 생체공학 기술의 수준을 가늠해볼 수 있다. 첫 실물 의족이 만들어진 기원전 300년경부터 서기 1500년 무렵까지 다양한 형태의 의족에 대한 기록이 문헌에 등장하는데 영화나 만화에 자주 등장하는, 손목에는 갈고리를 달고 발목에는 책상 다리 형태의 의족을 붙인 해적이 실제로 아주 많았다고 한다. 갈고리나 의족은 보통 해적선에 있는 폐품을 뒤져서 만들었는데, 당시에는 숙련된 외과 의사가 거의 없었기 때문에 해적선에서 칼을 가장 잘 쓰는 사람이 수술을 집도했다고 한다.[15] 비전문가가 수술을 하다 보니 과다 출혈로 죽는 사람도 있었을 테고 실패 확률도 아주 높았을 것이다. 어떤 학자들은 (비록 증거는 없지만) 소실된 신체 일부를 대체하는 것은 너무나도 자연스러운 본능이기 때문에 고대 수렵 시대에도 사자나 악어에게 물려서 발목이 잘려나가면 그 자리에 나뭇가지 같은 것을 붙이고 다녔을 것이라고 주장하기도 한다. 서기 1500년 무렵까지의 의족은 형태에서 조금씩 차이가 있기는 하지만 선사 시대에 나무 막대기를 붙이고 다니던 것과 기술적으로 큰 차이가 없다. 실제로 당시의 다리 보철 기술이라는 것은 잃어버린 부위의 원래 모양과 최대한 유사하게 (상황에 따라서는 그다지 유사하지도 않게) 모형을 제작하는 것뿐이었고, 의족에는 더 잘 걸을 수 있게 하는 어떠한 기계 장치도 포함돼 있지 않았기 때문이다. 엄밀히 말하면 공학 기술보다는 조각이나 주조^{Casting} 기술에 더 가깝다고 보는 것이 맞다. 그런데 무릎 아랫부분이 소실된 사람은 긴 책상 다리 모양의 의족을 착용하고도 어느 정도 자연스러운 걸음걸이가 가능했지만, 무릎 위부터 다리의 거의 전부를 잃은 사람은 목발의 도움 없이 긴 작대기 모양의 의족만 달고는 자연스럽게 걷거나 의자에 앉기가 매우 어려웠다.

그런데 1500년대에 들어오면서 의족에 혁명적인 변화가 시도됐다. 드디어 일체형이 아닌 무릎 관절이 있는 의족이 발명된 것이다. 그런데 바이오닉스 역사에 한 획을 그은 새로운 의족의 발명자는 의외로 기술자가 아닌 의사였다. 중세 시대까지만 해도 예술, 의학, 과학, 공학, 철학 등 다양한 분야에서 동시에 발군의 능력을 보인 레오나르도 다빈치^{Leonardo da Vinci} 같은 '능력자'가 많았기 때문에 그리 놀라운 일은 아니다. 하지만 지금부터 소개할 이 의사는 바이오닉스 분야

뿐만 아니라 의학 분야에서도 엄청난 공헌을 한 사람이기에 '진정한 능력자'라는 칭호를 붙이기에 전혀 부족하지 않다. 그의 이름은 앙브루아즈 파레Ambroise Paré로 프랑스 출신의 외과 의사다. 그는 흔히 '현대 외과학의 아버지'로 추앙받기도 하는데, 크고 작은 전쟁이 많았던 중세에 부상당한 많은 병사를 외과 수술로 살려냈고, 4명의 프랑스 국왕 주치의로 활동하며 전 유럽에 이름을 떨쳤다. 그는 달걀노른자와 식물성 기름 등을 혼합해 바르면 상처가 곪지 않는다는 사실을 발견했으며 총기류에 의한 상처를 처치하는 방법론을 확립했다. 무엇보다 팔다리를 절단한 뒤 출혈을 막기 위해서 혈관을 묶는 '혈관결찰법'을 발명한 것으로 가장 유명하다. 그는 전장에서 많은 팔다리 절단 환자를 수술하면서 자연스럽게 의수와 의족에도 관심을 갖게 됐는데, 1500년대 중반에는 드디어 일체형 의족이 아닌 무릎 관절이 있는 의족을 개발해냈다. 당시의 무릎 관절은 자동으로 작동하는 것이 아니라 발목 부근에 고정해 대퇴부까지 연결한 가느다란 가죽끈을 당겨야 작동했다(그림 12 참고). 언뜻 보면 별로 대단한 일 같지 않지만 의족에 무릎 관절을 추가한 것은 당시로선 엄청난 일이었다. 무릎을 굽힐 수 있게 되면서 기사Knight가 말을 타는 것이 가능해졌기 때문이다. 의족을 장착한 기사가 말에 올라탄 다음에 허리춤에 묶은 줄을 잡아당기면 무릎이 굽혀져 발을 등자[16]에 넣을 수 있었다. 다리를 잃은 기사가 다시 말을 탈 수 있게 된다는 것은 여러 가지로 그 의미가 컸다. 1500년대의 기사는 당시의 전쟁에서 요즘으로 치면 탱크와 비견할 수 있을 만큼 중요한 요소였다. 이는 중세 전투를 모방한 체스 게임에서 기사

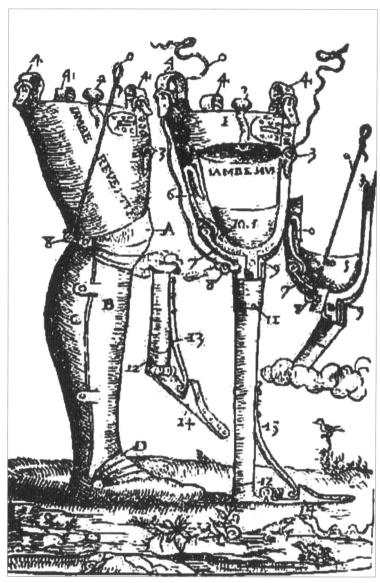

⇢ (그림 12) 앙브루아즈 파레가 설계한 관절이 있는 의족. 왼쪽에 있는 의족이 무릎을 구부릴 수 있는
것이다.
출처: Wikipedia Commons

와 폰Pawn의 위상 차이를 생각해보면 쉽게 이해할 수 있다. 한 명의 잘 훈련된 기사를 배출하는 것은 요즘으로 치면 잘 훈련된 파일럿 한 명을 만들어내는 것만큼 중요했을 것이다. 참고로 2007년 자료에 따르면 우리나라에서 10년 차 교관급 파일럿 한 명을 양성하는 데 필요한 돈이 무려 123억 원에 달한다고 한다. 혹독한 훈련을 통해 단련된 기사가 직업을 잃고 거리에서 구걸하는 것은 개인에게나 국가에나 모두 큰 손실이었을 것이다. 파레가 만든 관절이 있는 의족은 기사들이 다시 말을 타고 전투에 임할 수 있게 함으로써 중세 전쟁사에도 한 획을 그었다.

요즘에는 기술 분야가 세분화돼 한 사람이 여러 곳에서 두각을 나타내기 쉽지 않다. 그런데 파레의 경우처럼 의학자가 기술에 관심을 가지면 기술만 가진 사람은 생각하지 못하는 새로운 의료 기술을 개발하는 데 매우 유리하다. 인체에 대해 누구보다 잘 이해하고 있을 뿐만 아니라 다양한 환자를 경험하므로 실제 의료 현장에서 필요한 것이 무엇인지 잘 알 수 있기 때문이다. 그런데 우리나라의 현실은 좀 다르다. 지금 국내 최고의 대학 병원에서 교수를 하고 있는 필자의 친구는 고등학교 때 수학 과목에서 필자와 1, 2등을 다퉜다. 이 친구가 전문의 시험을 준비할 때 잠시 만난 적이 있는데, 그가 고등학교를 졸업한 지 불과 6년 만에 '근의 공식'을 까맣게 잊어버렸다는 사실을 알고 놀라지 않을 수 없었다. 실제로 첨단 기술에 관심을 가진 의사는 있지만 프로그램 코딩을 한다거나 캐드CAD[17] 소프트웨어를 이용해서 인체를 모델링하는 등의 공학적인 방법에 과감히 도전하는 의사는 거의 없다. 최근에 국내에 도입됐다가 다시 폐지 수순을 밟고 있는 의학전문대학원은 학생들이 미리 다양한 기술 분야에서 소양을 쌓은 다음에 의학을 배우기 때문에 과거에 배운 전공 지식을 의학과 융합해 새로운 기술을 만들어낼 수 있게 한다. 실제로 미국의 경우에는 많은 의사가 학부 과정 때 기술 분야를 전공한 뒤 의학전문대학원에 진학하고 그중 많은 수가 임상 분야가 아닌 연구 분야로 진출해서 새로운 의료 기술을 개발하는 데 기여한다. 미국이 전 세계 의료 기기 및 의료 기술 시장의 50% 이상을 점유한 데에는 다 그럴 만한 이유가 있다. 그런데 우리나라는 의학전문대학원이 대학 입시 때 의대에 진학하지 못한 대학생들이 의사 자격을 취득하게 해주는 일종의 '신분 세탁' 제도로 인식돼 졸업생 중 순수 의학 기술 연구자로 진출하는 경우가 거의 없었다. 우리나라에서 의사의 사회적 지위가 워낙 높기 때문이라고는 하지만 아쉬움이 남는 것은 사실이다. 미국이 전 세계 의료 기기 시장을 독점한 데에는 또 다른 이유도 있다. 미국 대학의 공학 계열 학과 중에서 가장 입학 성적이 높은 곳이 바로 생체공학과Department Of Biomedical Engineering[18]다. 여기에는 여러 가지 이유가 있는데 생체공학과 출신이 의학전문대학원 진학 가능성이 가장 높다는 것이 첫 번째 이유이고, 다음으로는 생체공학과 졸업생의 평균 연봉이 미국 전체 대학 학과 졸업생 중 가장 높은 순위를 기록하고 있기 때문이기도 하다. 미국에서 가장 우수한 학생들이 입학하고 졸업 후에도 가장 좋은 대접을 받으니 이것이 긍정적인 시너지 효과를 일으켜서 관련 산업이 더욱 발전하는 것이다. 우리나라는 현재 세계 의료 기기 시장의 2~3%를 차지하고 있다. 휴대전화나 반도체 시장에 비해서는 미미한 수준으로 보일지도 모르겠다. 하지만 우리나라 의료 기기 산업의 성장 속도가 미국, 일본, 유럽보다 훨씬 빠른 데다가 우리나라의 세계적 IT 기업들이 의료 기기 산업에 뛰어들고 있기 때문에 앞으로 10년 후면 우리나라를 먹여 살릴 '새로운 먹거리' 산업이 될 수 있을 것으로 기대한다. 그러면 미국의 경우처럼 우수한 학생과 좋은 일자리가 선순환 구조를 이루어 우리나라 의료 기기 산업이 크게 도약할 수 있을 것이다. 혹시 이 책을 읽고 있는 생체공학도가 있다면 이 같은 소명 의식과 자부심을 갖고 열심히 학업에 임해주기를 부탁한다.

　파레가 개발한 다리 보철은 후세 연구자들이 더욱 정교하고 가벼우며 세련된 디자인으로 만들었지만 근대에 이를 때까지도 형태나 기능에서 혁신적인 변화는 없었다. 특히 1800년대 이후에는 다리 보철 제작을 의학자나 공학자보다 대규모 기업들이 주도했다. 이는 여러 끔찍한 전쟁 통에 발생한 사지 절단 장애인을 치료의 대상이라기보다는 '돈을 벌게 해줄 수단' 정도로 생각한 기업가들이 정부와 결탁해서 대규모 보철 보급 사업을 벌였기 때문이다. 예를 들어 1861년부터 5년간 지속됐던 미국의 남북전쟁으로 연합군 측에서만 3만여 명에 이르는 절단 장애인이 발생했는데, 이들에게 보철을 제공하는 과정에서 수많은 '돌팔이' 제작자가 나타나 엉터리 제품을 보급하는 사건이 생기기도 했다. 기업들은 뛰어난 보철 기술을 개발하는 것보다는 가격이 저렴한 보철의 제작 방법을 궁리하는 데 더 집중했기 때문에 20세기 초까지 보철 기술은 답보 상태에 머물렀다. 인공 보철 기술이 비약적으로 발전하게 된 계기는 역시 전쟁이었다. 1914년 발발한 제1차 세계대전으로 유럽에서만 수십만 명에 달하는 절단 상해자가 발생하면서 유럽의 인공 보철 기술이 비약적으로 발전했다. 제2차 세계대전 때에는 미국에서도 엄청난 수의 절단 장애인이 발생했다. 그러자 미국 연방 정부는 유럽에 비해 뒤처진 인공 보철 기술 수준을 높이기 위해 엄청난 투자를 아끼지 않았다. 이 과정에서 새로운 인공 보철 기술이 다수 등장했다.

현대로 들어오면서 의족에 생긴 가장 큰 변화는 가벼워졌다는 것이다. 단지 가볍기만 하면 된다면 플라스틱 사용이 답이겠지만 의족은 가벼우면서도 강해야 한다. 사용자의 몸무게를 한 발로 지탱할 수 있어야 할 뿐만 아니라 반복적으로 사용해도 의족에 피로가 가서 부러지거나 하면 안 되기 때문이다. 재료공학의 발달에 힘입어 현대의 의족은 가벼우면서도 튼튼한 탄소섬유Carbon Fiber나 티타늄Titanium으로 만든다. 그래파이트Graphite 섬유라고도 부르는 탄소섬유는 탄소가 주성분인, 머리카락보다도 훨씬 가는 섬유다. 가벼우면서도 강하기 때문에 테니스 라켓이나 골프채의 소재로 많이 쓴다. 보철에서 탄소섬유를 주로 쓰는 부분은 의족의 뼈대에 해당하는 파이런Pylon[19]이다. 티타늄도 철과 강도가 유사하지만 무게는 절반 정도밖에 나가지 않아서 파이런의 재료로 많이 사용한다. 최근에는 외관상 보기에 좋도록 파이런의 바깥에 폭신폭신한 폼Foam 재질의 커버를 덧씌우기도 하고 심지어는 의족이 실제 다리와 비슷해 보이도록 착용자의 피부와 비슷한 톤으로 색을 입히기도 한다.

모든 의족에는 남아 있는 다리 끝부분에 끼워 넣기 위해서 속을 비워둔 소켓Socket[20]이라는 장치가 있다. 그런데 소켓을 이용해서 의족을 몸에 부착하는 데는 몇 가지 문제가 있다. 우선 더운 날씨에는 소켓에 땀이 찰 수 있기 때문에 여름날에 야외 산책을 하기가 쉽지 않다. 또 소켓의 안쪽 면이 피부를 자극해서 발진이나 염증을 일으킬 수 있다. 이뿐만 아니라 남아 있는 다리 부위와 의족이 꼭 맞지 않는 경우에는 다리를 움직일 때 소켓이 조였다 풀렸다를 반복하면서 피부에 찰과상이나 물집을 만들기도 한다. 연구자들은 이런 문제를 해결하기 위해서 여러 가지 시도를 해왔다. 일단 다리를 움직일 때 피부가 쓸리지 않도록 탈착이 가능한 부드러운 안감을 소켓에 부착했다. 그래도 소켓이 딱 들어맞지 않으면 다리에 특수 양말을 몇 겹 덧대기도 한다. 하지만 마찰을 줄인다고 해서 모든 문제가 해결되지는 않는다. 어떤 상황에서든 의족이 몸에 단단히 고정돼야만 한다. 그래서 최근에는 남아 있는 다리의 뼈 끝부분에 티타늄으로 만든 볼트를 삽입하기도 한다. 티타늄은 생체 내 안전성이 충분히 검증된 물질이라 뼈가 산산조각이 나서 새로운 뼈로 대체해야 하거나 관절이 망가진 사람은 이것으로 만든 인공 뼈나 관절을 몸에 삽입한다. 다리뼈 끝에 튀어나온 볼트는 부러진 뼈가 굳듯이 3개월에서 6개월 정도 지나면 기존의 뼈와 완전히 하나가 된다. 소켓 내부에는 너트가 있어서 다리를 소켓에 집어넣은 다음 의족을 빙글빙글 돌리면 꼭 맞게 끼워진다. 최근에는 용도에 맞게 특수 제작한 의족도 출시되고 있다. 오스카 피스토리어스의 의족처럼 스플린터를 위한 것이라든가 등산이나 골프, 농구를 하기에 적합한 의족 등이 그 예다. 앙브루아즈 파레가 만든 의족은

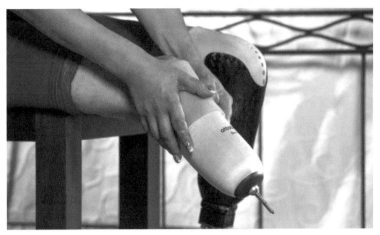

무릎을 굽히기 위해서 긴 가죽끈을 잡아당겨야 했지만 현대의 의족은 걸음걸이에 맞춰 자동으로 무릎의 각도가 조절된다. 심지어 가장 최신의 의족 중에는 개개인의 걷는 스타일을 자동으로 반영해주는 것도 있다. 하지만 현시대 최고 성능의 의족도 600만불의 사나이가 가졌던 로봇 다리와는 상당한 차이가 있다. 오스틴 대령처럼 시속 100km로 달리거나 아주 높이 점프할 필요가 없기 때문이기도 하고, 굳이 초강력 모터를 집어넣어 다리의 무게를 늘릴 필요가 없기 때문이기도 하다. 대신 첨단 IT 기술은 다리 보철보다는 손 보철, 즉 바이오닉 팔 분야에서 빛을 발하고 있다. 다음 절에서는 영화 「스타워즈」에서 루크 스카이워커의 팔에 이식했던 인공 팔, 바로 바이오닉 팔의 과거, 현재, 그리고 미래에 대해 살펴보기로 하자.

무한한 손짓을 흉내내기 위하여
바이오닉 팔

바이오닉 다리는 무릎이나 발목처럼 비교적 적은 수의 관절만 적절히 조절해도 '잘 걷기'라는 소기의 목적을 충분히 달성할 수 있다. 하지만 손은 다르다. 우리는 일상생활에서 손을 이용해서 수많은 행위를 한다. 현재 이 책을 보고 있는 독자 여러분도 왼손으로는 책을 붙잡고 오른손으로는 책장을 넘기고 있지 않은가. 컴퓨터로 이 글을 보고 있다면 왼손으로는 스낵을 집어 올리면서 오른손으로는 마우스 휠을 돌리고 있을지도 모른다. 인간의 손은 29개의 뼈와 29개의 관절, 34개의 근육, 123개의 인대로 구성돼 있다.[21] 이뿐만 아니다. 뇌에서 근육으로 지령을 내려보내기 위해서, 그리고 손의 감각을 뇌로 전달하기 위해서 34개의 이름 있는 신경과 수백 개의 이름 없는 신경이

어지럽게 얽혀 있다. 이들 관절과 신경, 근육은 서로 긴밀한 협업을 통해 복잡한 손의 움직임을 가능케 한다. 인간의 손은 오랜 진화 과정을 통해 인간의 생활 방식에 적합하도록 변화해왔는데, 이를 가장 잘 보여주는 사례가 바로 '마주 보는 엄지손가락Opposable Thumbs'이다. 인간은 다른 포유류와 달리 엄지손가락이 다른 4개의 손가락과 완벽하게 마주 볼 수 있다. 대부분의 영장류도 인간처럼 엄지손가락이 나머지 손가락과 마주 보고 있지만 검지에서 약지까지 모든 손가락과 엄지손가락을 마주 붙일 수 있는 영장류는 인간이 유일하다. 이 능력은 약 100만 년 전 나타난 인류의 직계 조상인 호모 에렉투스Homo Erectus부터 가능했던 것으로 알려져 있는데, 인간은 이 능력을 가지게 됨으로써 보다 세밀하게 손을 조작할 수 있게 됐다. 인간은 이를 통해 더욱 정교한 도구를 만드는 게 가능해졌고, 결국 지구의 지배자가 될 수 있었다. 정작 우리는 다른 손가락에 비해 길이도 짧고 마디도 하나 적은 엄지손가락의 특별함을 잘 느끼지 못하지만 만약 엄지손가락 없이 무언가를 해야 하는 상황을 가정해본다면 중요성을 곧 깨달을 수 있다. '마주 보는 엄지손가락' 능력이 있기에 컵을 잡고, 동전을 집어 올리고, 시계 태엽을 감을 수 있는 것이다.

이처럼 손의 구조와 움직임이 복잡한 만큼 뇌가 손을 제어하는 메커니즘도 아주 복잡하다. 손을 움직일 때는 대뇌피질의 운동 영역이 34개의 근육 중에서 필요한 것을 선택해 미약한 전기 신호를 내려보낸다. 이 신호를 받은 근육의 운동 신경세포Motor Neuron가 활동하면 근육이 수축되고 근육에 붙어 있는 뼈가 움직인다. 이때 발생하는 전기

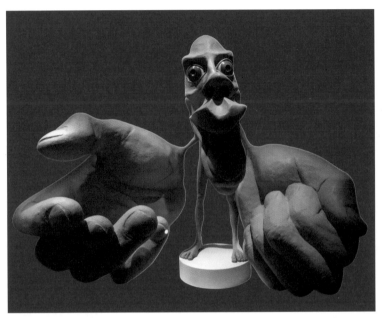

◀◎ (그림 14) 운동 호문쿨루스
　　　출처: 런던 자연사 박물관

신호를 근전기 신호^{Myoelectric Signal}라고 한다. 인류가 생존하는 데 있어 손
은 너무나 중요한 역할을 해왔기 때문에 뇌에서 손에 배정된 영역은
다른 부위에 비해 상대적으로 크다. 뇌의 운동 영역에서 신체 각 부위
가 차지하는 영역의 크기에 비례해서 몸을 재구성한 인간 그림을 호
문쿨루스^{Homunculus}라고 한다. 호문쿨루스는 라틴어로 '작은 사람' 혹은
'난쟁이'라는 의미인데 실제로 운동 호문쿨루스는 입과 손이 다른 부
위에 비해 비정상적으로 크고 다리나 몸통은 작은 난쟁이 같은 모습
이다(그림 14 참고). 입과 손이 다른 부위에 비해 크다는 것은 입과 손
을 다른 부위보다 많이 쓰고 더 정교하게 움직인다는 것을 뜻한다. 인

간의 생존에 언어와 도구의 사용이 얼마나 중요한지를 생각해본다면 왜 인간의 뇌가 현재의 모습으로 진화했는지 쉽게 이해할 수 있다.

초기의 의수는 초기의 의족과 마찬가지로 전혀 움직일 수 없었다. 「피터팬」에 등장하는 후크 선장의 갈고리는 물건을 걸어 올리거나 상대방의 칼을 방어하는 용도로라도 쓸 수 있지만, 나무로 깎아 만든 딱딱한 손 모형은 심미적으로 아름다워 보이기 위한 것 그 이상도 이하도 아니었다. 그런데 잘린 팔의 자리에 팔과 유사하게 생긴 모형을 붙이는 것은 의족을 다는 것보다 오히려 쉬운 일이다. 의족은 무거운 몸무게를 지탱해야 하고 남은 신체 부위와 단단하게 결착되어야 하기 때문이다. 따라서 실제로는 의수의 역사가 의족과 비슷하거나 앞섰을 것이라 예상되지만 현재까지 전해진 유물만 놓고 볼 때는 오히려 의수가 의족에 비해 400년가량 늦은 서기 77년경에 만들어졌다. 의족의 경우도 그랬지만 의수 또한 상당히 오랜 기간 형태나 기능에 특별한 변화가 없었다. 기존의 손 모양 혹은 갈고리 모양의 일체형 의수에 변화가 생긴 것은 1500년대에 들어와서였고, 그 변화를 주도한 사람 역시 외과 의사 앙브루아즈 파레였다.[22] 파레는 기존의 일체형 의수에서 벗어나 최초로 관절이 있는 의수를 만들었다. 앞서 선보인 파레의 의족은 허리춤에 있는 긴 줄을 잡아당겨서 무릎을 굽히는 방식이었던 데 비해 그의 의수는 다른 손으로 의수의 팔꿈치 각도를 조절하는 방식이었다. 당시 파레는 외과 의사라고는 믿기 어려울 정도로 기계공학에 대한 조예가 상당했던 것 같다. 그의 왼팔 의수를 그린 일러스트를 보면 비전문가도 한눈에 작동 원리를 이해할 수 있다.

팔꿈치 아랫부분을 접어 올리려면 의수의 손 부분을 잡고 어깨 방향으로 당기기만 하면 된다. 그러면 '따따다닥' 하는 소리와 함께 팔이 일정한 각도로 접히고 두 개의 스프링 구조가 걸개에 의해 결합돼서 팔이 고정된다. 팔을 펴고자 할 때는 팔꿈치 윗부분에 달린 스위치를 눌러주기만 하면 태엽식 스프링에 의해 자동으로 팔이 펼쳐진다(그림 15 참고). 좀 더 자세히 살펴보면 이 구조가 당시 프랑스 전역에 보급되기 시작한 방아쇠가 달린 총의 내부 구조와 유사하다는 사실을 쉽게 알아차릴 수 있다. 파레는 종군 의사이기도 했기 때문에 전쟁에서 부상당한 병사에게 의수를 제작해 주었는데, 당시에는 신분이나 계급에 따른 차별이 엄연히 존재한 때라 모든 이가 파레가 만든 의수를 쓸 수는 없었다. 더군다나 의수는 팔이 잘린 부위나 팔의 굵기, 형태 등에 맞춰 일일이 개별 주문 제작을 해야 했으므로 그 혜택은 제한적일 수밖에 없었다. 그가 만든 팔꿈치 관절이 있는 의수는 (현재 실물이 남아 있지는 않지만) '르 프티 로랭Le Petit Lorrain'23이라는 이름을 붙여 전장에서 왼팔을 잃은 프랑스군 장군에게 바쳐졌다고 한다. 아쉽게도 그 장군이 의수를 장착하고 전쟁에서 활약했는지에 대한 후담은 전해 내려오지 않지만….

손가락을 움직일 수 있는 의수는 1812년 독일 베를린의 치과 의사인 페터 바일리프Peter Bailiff가 처음으로 만들었다. 역사적으로 치과 의사와 외과 의사, 이발사는 모두 중세 시대의 이발사에서 유래했기 때문에 치과 의사가 팔 보철에 관심을 갖는 것은 전혀 이상한 일이 아니다. 바일리프는 어깨와 팔꿈치, 손가락을 서로 줄로 연결해서 팔꿈치

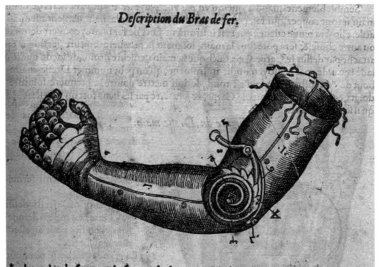

Description du Bras de fer.

Le bracelet de fer pour la forme du bras. 2 L'arbre mis au dedans du grand re-
pour le tendre. 3 Le grand resort qui est au coulde, lequel doit estre d'acier trem-
t de trois pieds de longueur ou plus. 4 Le rocquet. 5 La gaschette. 6 Le re-
qui poise sur la gaschette, & arreste les dents du rocquet. 7 Le clou à vis pour fer-
ce resort. 8 Le tornant de la haulse de l'auant-bras, qui est au dessus du coulde.
trompe du gantelet faict à tornant auec le canon de l'auant-bras qui est à la main:
iels seruent à faire la main prone & supine : c'est à sçauoir prone vers la terre, & su-
vers le Ciel.

→ (그림 15) 앙브루아즈 파레의 관절이 있는 의수 일러스트
출처: Wikipedia Commons

를 펼치면 엄지손가락이 함께 펼쳐지고 어깨를 들썩이면 나머지 손
가락이 '탁' 하고 펼쳐지는, 인류 역사상 최초의 기능적 의수를 제작
하는 데 성공했다. 그런데 의수의 손가락을 펼치기 위해서 몸을 들썩
거리는 모습을 상상해보면 사용자의 편의성을 그다지 고려한 디자인
은 아니었던 것 같다. 좀 더 우아하게 의수를 조작하는 방법은 바일리
프가 아이디어를 낸 지 40여 년이 지난 1857년 미국 뉴욕에 거주하던
전업 발명가인 윌리엄 셀포[William Selpho]가 제안했다. 그의 아이디어는 의

▶ (그림 16) 페터 바일리프가 고안한 손가락 움직임이 가능한 최초의 기능적 의수
출처: Watson AB. A Treatise on Amputations of the Extremities and Their Complications. Philadelphia: Blakiston, 1885

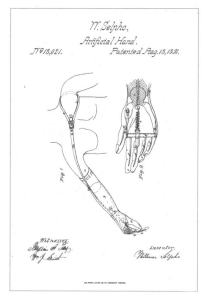

▶ (그림 17) 윌리엄 셀포가 미국 특허(특허 번호: US18021A, 특허명: Artificial Arm)를 위해 준비한 대표 그림. 셀포는 아이디어를 실제 의수로 구현하지는 않았다.
출처: 미국 특허청

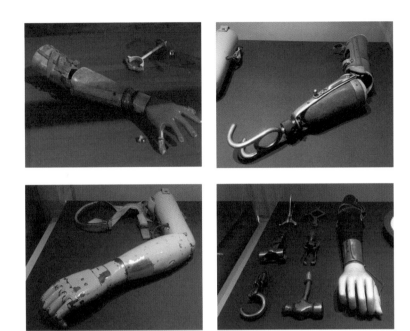

→ (그림 18) 20세기 초반의 의수
출처: 런던 과학 박물관

수를 장착한 팔의 반대편 어깨를 이용하는 것이었다. 반대편 어깨에 벨트 형태로 생긴 줄을 매달고 의수가 달린 팔을 들어 올리면 줄과 연결된 손가락이 펼쳐지고 다시 내리면 손가락도 접힌다. 이 방법을 이용하면 의수가 달린 팔의 각도를 조절해서 쉽게 손을 펼치고 쥐는 것이 가능해진다(그림 17 참고).

셀포의 아이디어를 실제로 구현한 사람은 1912년 미국의 한 제재소에서 일하던 데이비드 도런스David Dorrance라는 목수다. 작업 도중 사고로 오른손을 잃고 자신에게 꼭 맞는 의수를 스스로 제작하기로 한 그는 물건을 집거나 들어 올리는 데에는 셀포의 특허에 나온 실제 손 모양보다 꽃게의 다리나 연탄집게와 유사한 '집게' 모양이 더 실용적일 것이라고 생각했다. 실제로 그가 만든 의수는 사람의 손 모양이 아니라 끝이 서로 닿는 한 쌍의 갈고리로 구성된 집게 모양이었다. 도런스의 의수는 많은 절단 장애인이 일상생활에서 사용했고 심지어 최근까지도 사용하는 사람이 있었을 정도로 잘 만든 것이었다. 본인 스스로가 새로운 손이 필요했기 때문에 팔이 정상이었던 의수 개발자들보다 더 편리한 형태로 만들어낼 수 있었던 것이다. 역시 필요는 발명의 어머니다.

우리가 「스타워즈」에 등장하는 로봇 팔을 꿈꿀 수 있게 된 것은 전자공학Electronic Engineering이라는 학문이 등장한 이후부터다. 전기공학Electrical Engineering의 역사는 볼타Volta가 배터리를 발명한 1800년으로 거슬러 올라가지만 전자공학의 역사는 트랜지스터Transistor가 발명된 1948년부터 시작됐다. 트랜지스터의 발명으로 복잡한 연산을 빠르게 처리할 수 있는 반도체 집적회로IC를 만들고, 인간의 두뇌와 같은 역할을 수행하는 마이크로프로세서Microprocessor[24]를 개발할 수 있었다. 그리고 전자공학의 눈부신 발전 덕분에 남아 있는 팔의 근육이 만들어내는 근전도Electromyogram: EMG[25]를 측정해서 '바이오닉 팔(전자 의수)'을 조작할 수 있는 길이 열리게 됐다. 원리는 간단하다. 팔의 남아 있는 부위와 바이오닉 팔이 닿는 부분(소켓의 내부)에 전극Electrode이라고 부르는 작은 금속 조각을 여러 개 붙인다. 그러면 전극은 바로 아래 운동신경세포가 만들어내는 근전도 신호를 읽을 수 있다. 이 신호는 바이오닉 팔에 내장된 증폭기Amplifier[26]와 아날로그-디지털 컨버터Analog-to-Digital Converter: ADC[27]

를 거친 다음 마이크로프로세서로 전달된다. 마이크로프로세서는 미리 만든 프로그램에 따라 어떤 신경에서 신호가 발생하는지를 파악해 손목이나 손가락에 연결된 모터를 동작시킨다.

이런 마법 같은 일이 가능한 이유는 손이 잘려나간 뒤에도 여전히 뇌에서는 잘린 손의 손가락을 움직이는 근육을 향해 '동작하라'는 명령(근전기 신호)을 내려보낼 수 있기 때문이다. 즉 잘린 손의 운동을 담당하는 운동 영역이 뇌에 그대로 남아 있고 그곳에서 손으로 신호를 보내는 신경섬유 역시 남아 있기 때문이다. 근전기 신호를 이용하는 바이오닉 팔은 사용하기에 매우 편리할뿐더러 쉽게 익숙해질 수도 있다. 바이오닉 팔은 원래 손을 움직일 때와 똑같은 신경 신호를 사용하기 때문이다. 적응이 빠른 사람은 며칠 만에도 새로운 손을 써서 물건을 집어 올리고 다른 사람과 악수를 할 수 있다.

바이오닉 팔이 처음 개발되기 시작한 것은 1960년대부터인데, 이 시기는 생체공학의 역사에서 가장 혁신적인 변화가 있었던 때이기도 하다. 전자공학 기술이 무르익으면서 큰 방을 가득 채워야 할 만큼 거대했던 의료 장비가 몸에 지니고 다닐 수 있을 만큼 작아졌고, 죽어가던 많은 사람들이 생체공학의 힘을 빌려 새 삶을 살 수 있게 됐다. 그런데 인공 보철 연구자들을 바이오닉 팔 개발에 뛰어들게 한 것은 비단 전자공학 기술의 눈부신 발달 때문만은 아니다. 인류 의학 역사상 최악의 재앙 중 하나로 기록된 탈리도마이드Thalidomide 사건이 그 발단이 됐다. 탈리도마이드는 1950년대 후반 독일에서 만든 약물로 임신부의 입덧을 방지하고 숙면을 유도하는 '기적의 약'으로 팔려나갔다.

동물 실험에서 거의 부작용이 없었기 때문에 어느 누구도 이 약의 부작용에 대해 의심하지 않았고 심지어는 의사의 처방전 없이 마트에서 구입하는 것도 가능했다. 그런데 얼마 지나지 않아 문제가 나타나기 시작했다. 탈리도마이드를 복용한 임신부들이 심각한 문제를 지닌 아이를 낳았기 때문이다. 전 세계 46개국에서 무려 1만 명 이상의 아이가 사지가 없거나 있어도 매우 짧은 상태로 태어났다. 전자 의수는 상업적인 목적보다는 이 가여운 아이들을 돕자는 취지에서 개발되기 시작했다. 이때 문을 연 회사가 바로 현재에도 바이오닉 팔 분야에서 세계 1위를 지키고 있는 '터치 바이오닉스Touch Bionics'다. 이 회사는 1963년 탈리도마이드 피해 아동들에게 새로운 팔을 만들어 주기 위한 목적으로 스코틀랜드의 에든버러에 있는 마거릿 로즈Margaret Rose 병원의 작은 연구실에서 창업했다. 이 회사는 곧 탈리도마이드 때문에 팔의 일부가 없는 상태로 태어난 아이들에게 바이오닉 팔을 만들어 주기 시작했다. 그리고 40여 년간 쌓은 노하우를 바탕으로 2007년에는 '아이림i-LIMB'이라는 이름의 세계 최초 판매용 바이오닉 팔을 내놓았다. 2007년은 애플Apple이 최초의 '아이폰i-Phone'을 세상에 선보인 해이기도 하다. 터치 바이오닉스의 초기 모델에는 손가락 전체를 쥐었다 폈다 할 수 있는 모터 하나만 들어 있었지만 점차 장착하는 모터의 수가 늘어 지금은 각 손가락을 따로따로 접고 돌리는 것이 가능해졌다. 냉전 시대가 종식되고 전 세계적으로 해빙 분위기가 조성되면서 사지 절단 장애인의 수가 과거처럼 많지 않은 상황에서 '큰돈이 되지 않는' 기계의 연구 개발에 40년 가까운 시간을 투자하기란 쉽지 않다. 생체공학 연구자 중에는 '돈을 벌 수 있는 기술'이 아닌 '인간이 보다 행복해질 수 있는 기술'을 개발하는 것을 일종의 소명으로 여기는 경우가 많다. 실제로 생체공학 분야에서 큰 성공을 거두고 많은 돈을 버는 기업들은 돈 자체를 목적으로 시작한 것이 아니라 장애인과 환자에 대한 '측은지심'에서 뛰어든 경우가 많다. 그래서 이런 기업은 벌어들인 많은 돈을 인간을 보다 행복하게 해줄 수 있는 새로운 기술을 개발하는 데 아낌없이 재투자한다. 이런 점이 바로 반도체나 휴대전화를 개발하는 일반 전자회사와 생체공학 의료 기기 회사의 가장 큰 차이점이라고 할 수 있다.

아이림은 기존의 의수들과는 차원이 다른 혁신적인 발명품이다. 일단 이 바이오닉 팔은 다양한 형태의 '그립Grip', 즉 움켜쥐는 동작이 가능하다. 예를 들어 '정밀 그립Precision Grip'은 검지, 엄지, 중지를 만나게 하는 방식으로 동전이나 열쇠와 같은 작은 물건을 집어 올리는 데 적합하다. '인덱스 포인트Index Point'라는 잡기 방식은 검지를 제외한 나머지 손가락을 모두 움켜쥐는 방식이다. 우리가 보통 무언가를 가리킬 때 즐겨 쓰는 손동작이다. 휴대전화 다이얼을 클릭하거나 키보드를 누를 때 유용하다. '파워 그립Power Grip'은 모든 손가락을 중심을 향해 모아 강하게 움켜쥐는 방식이다. 문고리를 돌리거나 음료수 캔을 잡을 때 쓸 수 있다. 가장 최근에 나온 아이림은 24가지의 서로 다른 그립 동작이 가능하다. 물론 이는 인간의 손으로 할 수 있는 복잡한 동작과 비교하면 10%에도 미치지 못하는 수준이지만 그럼에도 불구하고 아이림을 실제로 장착한 사용자들은 기술의 발전에 아주 만족하고 있다고 한다.

최신의 아이림에는 손가락 끝부분에 압력을 측정할 수 있는 센서가 부착돼 있다. 여기에는 놀라울 정도의 첨단 IT 기술이 집약돼 있는데, 종이컵과 같이 부드럽고 가벼운 물체를 잡을 때는 너무 강하게 힘을 주지 않도록 적당한 위치에서 멈추고 가방처럼 무거운 물체일 때는 아주 강하게 잡아준다. 보통 바이오닉 팔을 단 사람이 악수를 청하면 손가락 뼈가 으스러지는 상상을 하며 뒤로 한 발짝 물러나기 십상이다. 하지만 실제로는 첨단 기술의 도움으로 절대 그런 일은 일어나지 않으니 걱정하지 않아도 된다. 터치 바이오닉스는 2008년에 미국의 리빙스킨Livingskin이라는 회사를 합병했는데, 이 회사의 기술로 아이림의 표면에 사람의 피부와 비슷한 재질의 인조 피부를 덮을 수 있게됐다. 이 인조 피부는 손톱과 주름까지 구현해 실제 피부와 비슷하게 보일 뿐만 아니라 촉감도 아주 유사하다. 또한 아이림의 각 손가락은 떼어냈다 다시 붙이는 것도 가능하다. 고장 난 부분을 쉽게 새 부품으로 바꿔 끼우도록 한 회사의 친절한 배려 덕분이다. 아이폰이 스마트폰의 혁신을 주도했듯이 같은 해 탄생한 아이림은 바이오닉 팔의 혁신을 이끌고 있다.

이렇게 바이오닉 팔 기술이 점차 발전하고 있지만 「스타워즈」에 등장하는 루크 스카이워커의 로봇 팔에는 한참 미치지 못한다. 기술적으로 해결해야 할 문제도 많다. 가장 어려운 문제 중 하나는 팔꿈치 윗부분이 잘린 사람들을 위한 바이오닉 팔의 개발이다. 팔꿈치 아랫부분에서 측정한 근전기 신호로는 손가락을 움직이는 데 큰 문제가 없지만 팔꿈치 윗부분의 근전기 신호에는 팔꿈치 각도 조절과 손가락 움직임을 위한 신호가 혼합돼 있기 때문에 팔꿈치와 손가락을 동시에 움직이면 정확도가 많이 떨어진다. 현재 기술로는 일단 팔꿈치를 먼저 움직인 이후에 손가락을 움직이는 식으로 순차적으로 실행하는 방법밖에 없는데, 앞으로 사람의 팔과 좀 더 비슷한 바이오닉 팔을 만들려면 꼭 풀어야 할 숙제다. 한 가지 가능한 방법은 피부 표면에 전극을 붙여서 근전기 신호를 측정하지 않고 팔의 잘린 부분에 있는 신경 하나하나에 미세한 바늘 모양의 전극을 꽂아서 보다 세밀한 신호를 받아 오는 것이다. 그러면 팔꿈치, 손목, 손가락으로 가는 신호를 각각 분리해서 측정할 수 있다. 하지만 아직은 각 신경에서 만들어내는 신경 신호를 잘 분리해 정확하게 바이오닉 팔을 조작하는 일이 쉽지 않다. 그럼에도 불구하고 전 세계 생체공학 연구소에서 이 기술을 구현하기 위해 뛰어들고 있기 때문에 곧 눈에 보이는 성과가 발표될 것이다. 우리나라도 2015년부터 정부에서 바이오닉 팔 개발을 위한 대규모 연구 프로젝트를 지원하고 있는데, 세계를 깜짝 놀라게 할 한국형 바이오닉 팔이 탄생하기를 기대한다.

전자공학 기술이 발달하면서 바이오닉 팔의 반응속도도 빨라지고 힘 또한 강력해지며 배터리의 용량도 커지고 있다. 하지만 아직은 개인이 구매하기에 너무 비싼 것이 문제다. 2016년 말에 출시된 '루크 암 LUKE Arm'이라는 이름의 바이오닉 팔은 최초로 10만 달러(약 1억 2000만 원)가 넘었다. 바이오닉 팔이 비쌀 수밖에 없는 이유는 사람마다 절단 부위와 팔의 굵기가 다르므로 모든 의수를 개개인에 맞춰 만들어

→ (그림 19) 아이림(i-LIMB) 최신 모델. 검은 장갑같이 보이는 것이 바이오닉 팔이다.
출처: 터치 바이오닉스

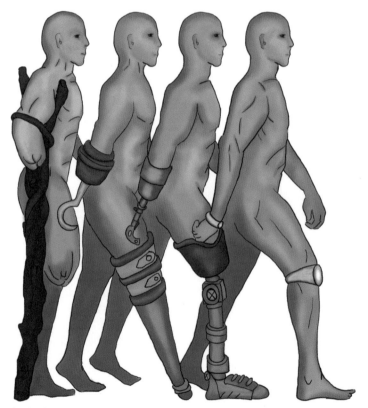

→ (그림 20) 의수 · 의족의 발전

야 하기 때문이다. 또한 바이오닉 팔의 무게를 가볍게 하기 위해서 탄소섬유나 티타늄과 같은 고가의 재료를 쓰는 것도 한몫한다. 그리고 가장 큰 이유는 수요가 많지 않아서 대량생산을 할 수 없기 때문이다. 최근에는 이런 문제를 한 번에 해결할 수 있는 대안으로 3D(3차원) 프린팅이 떠오르고 있다. 3D 프린터를 이용하면 자신의 정상적인 팔을 스캔한 다음 대칭시켜 자신에게 꼭 맞는 팔을 만들어내는 것도 가능하다. 별도로 주형Mold을 뜰 필요가 없기 때문에 훨씬 저렴하게 제작할수 있는 것이다. 영국 브리스톨에 있는 '오픈 바이오닉스Open Bionics'라는 회사는 저렴하면서도 가벼운 보급형 바이오닉 팔을 개발하고 있는데 누구나 쉽게 따라 만들 수 있도록 3D 프린터 설계 도면을 아예 완전히 공개한다. 그리고 바이오닉 팔을 장착한 아이가 친구들로부터 놀림을 받지 않고 오히려 부러움을 살 수 있도록 아이언맨 팔이나 「스타워즈」의 팔, 「겨울왕국」의 엘사 팔처럼 액세서리 같은 바이오닉 팔을 만들어 보급하고 있기도 하다.

그렇다면 미래의 바이오닉 팔은 어떤 모습일까? 바이오닉 팔은 「600만불의 사나이」나 「캡틴 아메리카: 윈터 솔저Captain America:The Winter Soldier」(2014년)에 등장하는 것처럼 원래 인간의 손을 뛰어넘는 것을 목표로 하지는 않는다. 아직은 인간의 손과 최대한 유사하게 만드는 것이 더 현실적인 목표다. 물론 이도 쉽지는 않다. 로봇 기술이 발전하면서 인간의 근골격계와 유사한 복잡도의 로봇을 제작하기 위해 많은 로봇공학자가 노력하고 있지만, 현재의 수준은 인간의 600여 개 근육중 106개의 근육과 230개의 관절 자유도Degree of Freedom[28] 중 114개의 관절 자유도를 구현한 일본의 겐고로Kengoro가 가장 인간의 근골격계에 근접한 휴머노이드 로봇이다. 이뿐만 아니다. 미래의 바이오닉 팔은 복잡한 인간 손의 움직임을 따라 하는 것에서 나아가 손이 느끼는 감각을 실제로 느낄 수 있는 수준까지 발전해야 한다. 현재의 기술은 바이오닉 팔의 손끝에 압력 센서를 붙이고 압력의 크기에 비례해서 남아 있는 팔 부위에 약한 전류를 흘려줌으로써 손끝에 가해지는 힘을 간접적으로 느끼게 하는 수준에까지 도달했다. 독일의 '빈센트 시스템스Vincent Systems'라는 회사는 최근 손끝의 압력을 뇌로 전달하는 기능이 포함된 바이오닉 팔을 처음으로 상품화하는 데 성공했다. 이 제품은 아이림보다 훨씬 적은 12가지의 그립 동작밖에 할 수 없지만, 손끝의 감각을 느낄 수 있게 해주기 때문에 환자들이 환지통Phantom Limb Pain[29]으로 덜 고생하게 해주며 유리나 종이와 같이 부서지기 쉬운 물건 또한 더 잘 잡을 수 있게 한다.

이제 생체공학자들은 단순히 압력을 느끼는 것에서 나아가 뜨겁거나 차가운 감각, 거칠거나 부드러운 감각 등을 측정할 수 있는 센서와 이런 감각을 뇌에 전달할 수 있는 새로운 자극 방법에 대해 연구하기 시작했다. 물론 말처럼 쉬운 일은 아니다. 사람의 피부는 아주 민감한 데다 피부의 $1cm^2$ 안에는 수천 개의 감각 신경 말단이 자리 잡고 있기 때문에 이를 흉내 내는 것은 아주 어려운 일이다. 이 분야에서 가장 앞서가고 있는 생체공학자는 미국 클리블랜드에 있는 케이스 웨스턴 리저브 대학Case Western Reserve University의 더스틴 타일러Dustin Tyler 교수다. 그는 바이오닉 팔이 연결된 신경 말단에 마이크로 전극을 부착한 다음 아주 다양한 형태의 전기 신호를 (남아 있는 팔을 통해) 간접적으로 뇌에 전달하고는 바이오닉 팔을 착용한 사람이 어떤 감각을 느꼈는지 보고하는 방법으로 연구하고 있다. 마치 150여 년 전 토머스 에디슨Thomas Edison이 전구를 발명할 때 필라멘트의 재료로 수천 가지의 물질을 시험해봤다는 일화에서와 크게 다를 바가 없는 방식이다. 왜 세계에서 가장 앞서가는 연구실에서조차 이런 '원시적'이고 '사막에서 바늘 찾기'와 같은 연구 방법을 사용할 수밖에 없을까? 그 이유는 우리가 아직도 뇌가 어떻게 다양한 감각을 느낄 수 있는지를 이해하지 못했기 때문이다. 우리가 감각 신경을 임의대로 자극하면 그 자극은 뇌에 전달되지만 뇌는 그것의 의미를 전혀 해석하지 못한다. 마치 우리가 마구잡이로 소리를 지른 다음에 상대방에게 내 의도가 무엇이었냐고 물어보는 것과 마찬가지다. 뇌가 이해할 수 있는 언어를 찾아내야 하는데, 안타깝게도 단서가 많지 않다. 그럼에도 불구하고 타일러 교수의 '일단 부딪쳐보기' 스타일의 실험은 상당한 성과를 내고 있다. 예를 들어 그는 1초를 주기로 자극 펄스의 강도를 올렸다 내렸다를 반복하면 무언가가 손가락을 감싸쥐는 듯한 느낌을 받는 현상을 발견하기도 했다. 최근에는 벨크로나 사포 등의 거친 표면을 만지는 듯한 촉감이나 피부를 탁탁 건드리는 듯한 감각을 느끼게 하는 자극 패턴도 발견했다고 한다.

타일러 교수의 연구는 미국 국방성 산하 연구 개발 조직인 방위고등연구계획국Defense Advanced Research Projects Agency: DARPA의 지원을 받고 있다. 이 조직은 군사 관련 기술을 개발하는 것을 주요 목적으로 하지만 그 기술을 민간 부분에 이전하는 일에도 적극적이다. 실제로 인터넷이나 컴퓨터 마우스 등이 모두 이곳의 작품이다. 타일러 교수의 연구 결과가 더욱 기대되는 이유는, 우리가 손의 감각 신경에서 뇌로 전달되는 '뇌의 언어'를 이해하게 된다면, 손의 각 부분을 자극할 수 있는 특수 장갑을 만들어서 실제로 사물을 만지지 않고도 만지는 듯한 감각을 느끼게 하는 것이 가능하기 때문이다. 만약 이런 장치를 개발한다면, 최근 열풍이 불고 있는 가상현실Virtual Reality: VR이나 증강현실Augmented Reality: AR 분야에 혁신적인 변화가 일어날 것이다. 예를 들어 가상현실 헤드셋[30]을 착용하고 홈쇼핑 방송을 보다가 사고 싶은 태블릿 컴퓨터가 있다면, 장갑을 착용한 채 손을 뻗어 컴퓨터를 집는 것만으로도 컴퓨터의 무게나 터치감 등을 바로 체험할 수 있다. 이쯤 되면 게임이나 엔터테인먼트 산업에도 일대 혁명을 일으키기에 충분하다. 더욱 놀라운 사실은 타일러 교수가 이 기술이 완성되는 시점이 아주 먼 미래가 아니라 불과 10~20년 후가 될 것이라고 말하고 있다는 것이다. 생체공학이 바꿀 멋진 미래 세상이 기대되지 않는가?

영화 「스타워즈: 제국의 역습」에는 루크 스카이워커가 바이오닉 팔을 장착한 뒤 바늘로 손가락을 찌를 때 통증을 느끼는 장면이 등장한다. 하지만 뇌와 손 사이를 잇는 감각 신경이 끊어진 경우라면 바이오닉 팔에서 측정한 감각 정보를 뇌로 전달할 방법이 없다. 2016년 11월 피츠버그 대학University of Pittsburgh 로버트 곤트Robert Gaunt 교수 연구팀은 이 문제를 해결하기 위해 대뇌의 감각 영역을 직접 전류로 자극해서 바이오닉 팔의 촉각을 뇌로 전달하는 데 성공했다. 곤트 교수 연구팀은 네이선 코프랜드Nathan Copeland라는 이름의 신경계 손상 환자의 뇌에서 손의 감각 영역을 찾아내는 데 우선 집중했다. 이 일을 성공해야만 뇌를 자극하기 위한 마이크로칩Microchip을 올바른 위치에 삽입할 수 있기 때문이다. 코프랜드는 교통사고로 중추신경계가 끊어진 뒤 10년 이상의 세월 동안 손의 감각을 전혀 느끼지 못했기 때문에 건강했을 때 느꼈던 감각을 상상하도록 했다. 그가 자신의 엄지와 검지, 새끼손가락, 손바닥 등이 무언가를 만지고 있는 상상을 할 때, 그의 뇌에서 발생하는 약한 생체자기장을 뇌자도Magnetoencephalography: MEG[31]라는 정밀 장치를 이용해서 측정했다. 이런 과정을 통해 곤트 교수 연구팀은 코프랜드의 손 감각과 관련된 정밀한 뇌 지도를 그릴 수 있었다. 마이크로칩을 이식한 뒤에는 그의 뇌에 다양한 전기 자극을 주면서 손에 가해지는 압력의 변화나 미세한 떨림과 같은 촉감을 보고하게 했다. 그리고 최종적으로 코프랜드의 뇌에 삽입한 마이크로칩은 로봇 손에 부착된 압력 센서와 연결했다. 연구팀은 로봇 손의 손가락을 하나씩 만진 다음 코프랜드에게 그것이 어떤 손가락인지 알아맞히도록 했는데 그는 거의 100%의 정확도로 답했다. 이 기술이 더욱 발전한다면 언젠가는 신경계가 완전히 손상된 사지 마비 장애인들도 바이오닉 팔을 착용하고 기타를 연주할 수 있는 날이 오게 될 것이다.

이제 독자 여러분은 왜 필자가 글머리에서 루크 스카이워커의 잘린 오른팔을 원래대로 복구하는 기술을 우주 여행에 비유했는지 이해하게 됐을 것이다. 물론 바이오닉 팔이 인간의 팔에 가까워지기까지는 아직 넘어야 할 난관이 많지만, 지금껏 늘 그래 왔듯이 인간의 행복한 삶을 추구하는 생체공학자들이 언젠가 인간의 피부와 꼭 같은 인조 피부를 만들어내고 루크의 오른팔을 현실에서 구현해낼 것으로 믿어 의심치 않는다.

700
650
600
550
500
450
400
350
300
250
200
150
100
50
0

0.75869

사이보그의
탄생

사이보그는
슈퍼휴먼인가

보통 '사이보그'라고 하면 SF 영화에 단골로 등장하는, 인간의 육체에 기계를 덧붙인 초인적인 영웅 캐릭터를 떠올린다. 그런데 이는 사이보그라는 단어가 처음 만들어질 당시의 상황과 무관하지 않다. 사이보그라는 단어는 1960년 미국 뉴욕의 로클랜드 주립병원Rockland State Hospital[32]에 근무하던 맨프레드 클라인스Manfred Clynes와 네이선 클라인Nathan Kline이라는 연구자가 『애스트로노틱스Astronautics』라는, 현재는 폐간된 잡지에 기고한 글에서 처음 등장했다. 당시는 1957년 소련(현재 러시아)이 스푸트니크호를 우주로 쏘아 올리면서 미국과 소련이 치열한 우주 경쟁을 벌이던 때다. 각국의 모든 역량을 유인우주선 개발에 쏟아붓던 시기이기 때문에 일반인들도 우주에 대한 관심이 매우 컸다.

'우주유영'이라는 뜻을 가진 『애스트로노틱스』라는 잡지가 대중에게 인기 있었을 정도니 사람들의 우주 개발에 대한 관심이 얼마나 컸을지 짐작하기는 어렵지 않다. 클라인은 사실 클라인스가 속한 연구소의 소장이었지만 두 사람은 같은 곳에서 근무하고 있었다는 사실을 제외하고는 전공이나 배경에서 전혀 유사점을 찾을 수 없다. 클라인스는 프로 수준의 피아니스트이면서 초음파 의료 기기를 디자인하는 다재다능한 생체공학자였고 클라인은 정신의학을 연구하는 임상의사였기 때문이다. 두 사람이 어떤 계기로 함께 상상의 나래를 펼치게 됐는지에 대한 기록은 남아 있지 않지만, 아마도 병원에서 주최한 송년 칵테일파티 같은 곳에서 편하게 대화를 나누다 우연히 우주유영이라는 공통 관심사를 발견하지 않았을까 추측해본다. 그렇지 않고서야 어떻게 전혀 다른 배경의 두 사람이 합심해서 엉뚱한 분야의 잡지에 글을 기고할 수 있었을까?

그들은 『애스트로노틱스』에 기고한 5쪽 분량의 글에서 "인간을 우주에 보낼 때 그의 주위 환경을 지구 환경과 유사하게 만들려고 할 것이 아니라 신체의 일부를 기계로 대체해서 우주 공간에서도 호흡하고 살아갈 수 있게 만드는 것이 더 타당하다"라는 다소 황당한 주장을 펼쳤다. 그들은 이 글에서 상당히 '진지하게' 여러 사례까지 제시했다. 그들의 주장을 일부 적어보면 다음과 같다.

- 가장 큰 문제인 호흡은 이산화탄소에서 탄소를 제거하고 산소를 만들어주는 장치를 몸에 설치함으로써 폐 호흡을 대체할 수 있을

것이다.

- 외부의 기압이 60mmHg 이하로 떨어지면 사람의 피가 체온에 의해서도 끓기 시작하기 때문에 체온을 낮춰주는 기계 장치를 몸에 설치해야 한다.
- 대기권 밖의 높은 방사능 피폭은 방사능으로부터 몸을 보호해주는 약물을 자동으로 몸에 주입하는 기계 장치를 몸에 삽입하면 해결될 것이다.
- 이 모든 기계 장치를 작동시키는 데 필요한 에너지는 태양 에너지나 원자력 에너지를 사용하면 될 것이다.

이처럼 대부분의 주장이 현대 물리학이나 생물학의 기본 상식에 어긋나는 데다가 만들겠다는 기계가 전혀 구체적이지도 않다. 영구 기관을 만들겠다는 생각과 별로 다를 바 없어 보이는 황당한 주장이지만, 이들은 '기계 장치와 하나가 된 생명체'를 의미하는 '사이보그'라는 신조어를 유행시킴으로써 일약 세계적인 유명인이 됐다. 실제로 클라인스와 클라인은 이후에는 사이보그와 관련된 별다른 활동을 하지 않았다. 클라인스는 다양한 분야에서 두각을 나타냈는데 줄리어드 음대를 졸업한 피아니스트 출신임에도 컬러 초음파 영상 장치[33]를 발명했으며 사이보그 관련 글을 쓴 이후에는 슈퍼컴퓨터와 풍력 발전 분야에 뛰어들었다. 클라인은 유능한 정신의학자로 많은 업적을 남겼는데, 역시 잠시의 외도 후에 다시 정신의학 연구에만 몰두한 것으로 알려져 있다.

이처럼 사이보그라는 말은 인간 신체의 일부를 기계로 대체해 극한의 환경에서 살 수 있게 한다거나 인간 능력을 뛰어넘는 '슈퍼맨'을 만든다는 개념에서 시작했다. 「600만불의 사나이」와 「로보캅」을 대표적인 사이보그 영화로 꼽는 이유다. 하지만 최근에는 보다 넓은 의미에서 우리의 기관이나 조직을 '인공적인 물체Artefact'로 대체한 경우까지도 사이보그에 포함시키기도 한다. 예를 들어 손상된 뼈나 관절을 인공 뼈나 인공 관절로 대체한 사람도 일종의 사이보그인 셈이다. 심지어 어떤 이들은 치아 임플란트나 인공 피부 이식을 한 사람마저 사이보그의 범주에 포함시키기도 한다. 이런 정의에 따르자면 미국이나 우리나라처럼 의학이 발달한 나라에서는 전 국민의 10% 정도가 이미 사이보그라고 할 수 있다.

사이보그에 대한 여러 범위의 정의 중에서 필자는 인체에 삽입한 기계가 우리 몸에 '능동적'으로 작용하는 경우만 사이보그로 보는 것이 타당하다고 생각한다. 사이보그라는 용어를 만드는 데 사용된 '사이버네틱스Cybernetics'는 고대 그리스어 퀴베르네테스κυβερνήτης에서 유래했는데 이 말은 '조절기' 또는 '방향타'를 뜻한다. 즉 사이버네틱스에는 어떤 대상을 '조절'한다는 뜻이 담겨 있으므로 단순히 원래의 기관이나 조직의 일부를 대체해서 자리만 차지한 인공 보철물(예를 들어 치아 임플란트나 인공 피부, 인공 관절 등)을 달고 있는 사람을 사이보그라고 부르는 것은 범위가 너무 넓다. 그럼 지금부터 인간을 사이보그로 만들어주는 첨단 생체공학 기술에 대해 살펴보도록 하자.

양철 나무꾼의 꿈
인공 심장

고대 그리스인들은 사람의 마음이 심장에 있다고 믿었다. 아리스토텔레스Aristoteles가 그의 스승 플라톤Plato과 인간의 영혼이 심장에 있는지, 뇌에 있는지를 두고 격렬한 논쟁을 벌였다는 것은 유명한 이야기다. 아리스토텔레스는 그리스 왕의 주치의였던 아버지의 영향을 받아 의학에 상당히 조예가 깊었음에도 불구하고 인간의 영혼이 심장에 깃들어 있다는 '심장중심론'을 주창했다. 이 이론은 그가 죽은 뒤 약 500년이 지난 서기 2세기에 이르러 로마의 의학자인 갈레노스Galenos가 신경학을 집대성할 때까지 많은 사람에게 정설로 받아들여졌다. 인간의 마음이 심장이 아닌 뇌에 있다고 해서 심장이 중요하지 않다는 의미는 절대 아니다. 심장은 고대인들이 영혼이 깃들어 있다고 믿었을 만큼 인간에게 가장 중요한 기관 중 하나이며 지금 이 순간에도 우리 몸의 모든 기관에 산소와 영양분을 공급하기 위해 쉴 새 없이 일하고 있다. 심장 없이는 우리 몸은 불과 4분도 버티지 못한다. 우리나라에서는 2013년부터 심장 질환에 의한 사망률이 뇌혈관 질환으로 인한 사망률을 넘어서서 암에 이어 두 번째로 주요한 사망 원인이 됐다. 고령화 사회가 되고 식습관이 서구화되면서 나타난 현상이다. 고도 비만인 사람이 많고 육류를 즐기는 미국에서는 이미 수십 년 전부터 심혈관계 질환이 사망 원인 1위를 지키고 있다. 암에 걸리면 자신의 삶을 정리하고 가족과 이별을 준비할 시간이라도 있지만 심장 질환은 예고도 없이 갑자기 찾아와서 개인과 가족의 행복을 순식간에 앗아간다.

건강한 성인의 심장은 평균적으로 1분당 70회 정도 박동한다. 이를 다른 단위로 환산하면 1시간에 4200회, 하루에는 10만 800회, 1년이면 3679만 2000회 박동하는 셈이다. 우리나라 국민의 평균 기대수명인 약 80세에 대입해보면, 사람이 태어나서 죽을 때까지 평균 30억 회 정도 뛴다. 심장은 성인 여성 기준으로 1분에 약 5L의 피를 체내에 순환시키는데, 그 양을 역시 80세에 대입해보면 무려 2억L 이상의 혈액을 퍼 올리는 것이다. 어느 정도 양인지 감이 잘 오질 않는다면 1.5L들이 페트병이 1억 3333만 개 있다고 상상해보길 바란다. 길이가 30cm인 페트병을 일렬로 늘어놓으면 그 길이만 약 4만km로 지구 둘레(4만 120km)와 거의 맞먹는다. 심장은 인체에서 몇 안 되는 스스로 운동하는 기관으로[34] 주인을 위해 열심히 운동을 하다 보면 어딘가 고장이

심장이 뛰는 원리

뇌만큼은 아니지만 심장도 꽤나 복잡한 인체 기관 중 하나다. 심장의 작동 원리를 살펴보면 우리 몸이 얼마나 정교하고 조화롭게 진화돼왔는지를 엿볼 수 있다. 심장이 뛰기 위해서는 우심방 상부에 위치한 동방결절(동결절이라고도 함)Sinus Node에서 심장 근육으로 주기적으로 전기 신호를 보내줘야 한다(그림 21 참고). 그러면 심방 근육 표면을 따라 전류가 흐르면서 심방이 수축되고, 심방에 모여 있는 피가 판막을 통해 심실로 보내진다. 그리고 이렇게 피가 심실로 보내지는 동안 심방을 따라 흘러간 전류는 다시 모여서 심방 하부의 방실결절Atrioventricular(AV) Node로 전달된 뒤 심실중격에 있는 히스번들His Bundle을 거쳐 심실의 아랫부분으로 이동한다. 이 과정에서는 전기 신호가 다소 천천히 전달되는데 이는 심방에 있는 피가 심실로 완전하게 보내질 시간을 벌기 위해서다. 심실 아랫부분에 도달한 전류는 다시 퍼킨제 섬유Purkinje Fiber를 통해 심실 근육으로 전달되는데 퍼킨제 섬유가 심실 곳곳에 뻗어 있으므로 여러 심실 근육이 동시에 수축할 수 있다. 심실에 전달된 전류는 아래에서부터 위쪽으로 흐르면서 심실 근육을 위쪽 방향으로 수축시킨다. 심실에 가득 들어차 있는 피는 이때 전신과 폐로 보내진다. 그런데 심장을 뛰게 만드는 역할을 하는 동방결절은 잘 알고 있는 바와 같이 분당 70~80회 전기 신호를 만들어내며 전류가 지나가는 통로에 있는 방실결절 또한 자체적으로 자극 전류를 발생시킨다. 방실결절은 분당 40~60회 전기 펄스를 방출한다. 퍼킨제 섬유도 자체적인 자극 전류를 만들 수 있는데 분당 15~40회의 펄스를 생성한다. 재미있는 사실은 방실결절이나 퍼킨제 섬유는 자신이 만드는 펄스의 주파수보다 큰 주파수의 전류 신호가 들어오면 자체적인 자극 전류를 발생시키지 않는다는 것이다. 따라서 동방결절이 정상적으로 신호를 만들고 있는 때에는 방실결절이나 퍼킨제 섬유는 작동하지 않는다. 그런데 만약 동방결절이 어떤 이유에선가 신호를 만들 수 없게 된다면? 이때는 방실결절이 작동한다. 물론 자극이 시작되는 곳이 달라져서 정상적인 심장 박동은 불가능하지만 심장이 바로 멈추지는 않아 약간의 시간을 벌 수 있다. 동방결절과 방실결절이 모두 멈춘다면? 이때는 퍼킨제 섬유가 남아 있는 심장의 피를 몸으로 보낸다. 이렇듯 심장은 너무나도 중요한 기관이기 때문에 무려 3중의 안전장치가 마련돼 있다.

나게 마련이다. 전동식 펌프도 2억L의 물을 쉴 새 없이 퍼 올리면 고장이 나지 않을 수 없을 것이다. 그래서 심장에 생기는 질환은 (선천적인 것도 있지만) 대부분 나이가 들어가는 것과 무관하지 않다. 특히 현대인은 스트레스와 좋지 않은 식습관 때문에 심장으로 가는 혈관이 막히게 되는 허혈성 심장 질환Ischemic Heart Disease[35]에 무방비로 노출돼 있다.

심장의 이상을 알아낼 수 있는 가장 손쉬운 방법은 심장이 뛸 때 나는 소리를 듣는 것이다. 몸속에서 나는 소리를 들어서 몸의 이상을 알아내는 것을 흔히 '청진聽診, Auscultation'이라고 한다. 문헌에 기록된 가장 오래된 청진은 기원전 350년 무렵 '의학의 아버지'로 불리는 히포

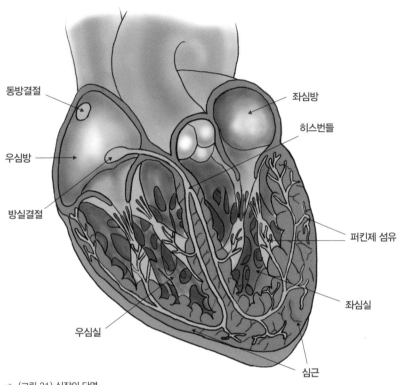

동방결절

좌심방

히스번들

우심방

방실결절

퍼킨제 섬유

좌심실

우심실

심근

◦➤ (그림 21) 심장의 단면

◦➤ (그림 22) 심장 박동 모습과 심전도의 측정 그림 동영상(QR코드 스캔)

크라테스Hippocrates가 한 것으로 알려져 있다. 히포크라테스는 환자의 가슴에 귀를 밀착시키고 심장 뛰는 소리를 직접 들어서 이상 유무를 진단했다. 그런데 의사가 환자의 가슴에 귀를 대지 않고 몸속 소리를 듣기 위해 사용하는 기구인 '청진기Stethoscope'는 사실 심장 박동 소리를 더 잘 듣기 위해 개발한 것이 아니다. 최초의 청진기는 고대 그리스나 이슬람 문화권에서 남자 의사가 외간 여자의 가슴에 직접 귀를 가져다 대는 '무례함'을 피하기 위해서 속이 빈 나무 관을 여성 환자 가슴에 대고 소리를 들었던 것에서 유래했다. 그런데 이 오랜 역사의 기구가 청진기라는 이름으로 불리며 의료용품점에서 팔리기 시작한 것은 불과 200여 년 전인 19세기 초반의 일이다.

"내가 그의 이름을 불러 주기 전에는 그는 다만 하나의 몸짓에 지나지 않았다. 내가 그의 이름을 불러 주었을 때, 그는 나에게로 와서 꽃이 되었다"라는 김춘수 시인의 유명한 시구에도 나오듯이 사물에 이름을 붙이는 것은 아주 중요한 일이다. 어떤 이들은 작명을 잘한 덕에 역사에 길이 이름을 남기기도 한다. 앞서 클라인스와 클라인이 '사이보그'라는 용어를 만들어서 유명해진 것처럼 말이다. 프랑스의 내과 의사인 르네 라에네크René Laennec는 서양 의학에서 청진기를 최초로 발명한 사람으로 알려져 있지만, 엄밀히 따져보면 수천 년 전부터 타 문화권에서 사용하던 방법에 그럴 듯한 '이름'을 붙인 것에 지나지 않는다. 그가 어떻게 청진기를 고안하게 됐는지에 대해서는 다양한 설이 있지만, 한 풍만한 여성 환자를 진찰하는 과정에서 우연히 아이디어를 떠올렸다는 설이 가장 설득력 있어 보인다. 당시 그 여성 환자는 심장 질환이 의심되는 상황이었는데, 그렇다고 여성의 가슴에 직접 귀를 가져다 대는 것은 부담스러운 면이 있었다. 그래서 그는 종이를 둥글게 말아서 한쪽을 심장이 있는 부위에 대고 다른 한쪽을 자신의 귀에 댔는데 놀랍게도 직접 심장 박동 소리를 들을 때보다 더 생생하게 들을 수 있었다. 라에네크는 여기에서 힌트를 얻어 길이 20cm, 직경 2.5cm 정도의 가늘고 긴, 속이 빈 나무 관을 만들어 심장과 폐의 소리를 듣는 데 활용했다. 그는 이 장치를 소개하는 논문에서 이 장치를 그리스어로 '가슴'을 뜻하는 Stethos와 '본다'라는 뜻을 가진 Scope를 합쳐 Stethoscope라고 불렀다. 라에네크는 청진기의 이름을 지은 공로로 서양 의학사의 한 페이지를 장식하고 있다. 실제로 의사의 상징처럼 여겨지는 Y자 형태의 고무 튜브가 달린 '양이형 청진기'는 라에네크가 원통형 청진기를 만들고 30여 년이 지난 1851년 아일랜드의 내과 의사인 아서 레어레드Arthur Leared가 개발했다. 최근에는 생체전자공학 기술의 발달에 힘입어 심장이 뛸 때 나는 소리를 전자식으로 기록하고 컴퓨터로 분석할 수 있게 해주는 전자 청진기가 개발되기도 했다. 하지만 아직도 의료 현장에서는 정밀 진단이 필요한지를 판단하기 위한 일차적인 방법으로 레어레드의 Y자 모양 청진기를 널리 쓰고 있다.

청진기의 발명이나 앞선 장에서 살펴본 의수의 발전 과정에서도 알 수 있듯이 20세기 이전 의료 기술의 발전은 주로 임상의사가 주도했다. 당시의 과학 기술 수준이 비전문가도 쉽게 따라 할 수 있을 정도로 깊이가 얕았던 것이 주된 이유다. 그리고 당시의 공학자들은 내

연 기관의 효율 향상 같은 실용적인 주제에만 관심이 있었지 '큰돈 안 되는' 의료 기술에는 별로 관심이 없었던 것이 또 다른 이유다. 20세기 초는 모든 학문 분야에서 세분화가 나타났던 시기다. 현대에 가까워지면서 각 세부 학문 분야의 깊이가 더해져 레오나르도 다빈치처럼 한 사람이 여러 학문 분야에 대해 깊은 지식을 갖기가 거의 불가능해졌다. 예를 들어 우리가 중·고등학교에서 배우는 수학은 적어도 1800년 이전에 완성된 것이다. 대학교에서 수학과에 진학한 학생만이 비로소 1800년대와 1900년대 초반까지의 수학을 접한다. 하지만 1950년대부터는 수학 내에서도 분야 간 차이가 너무 커져서 대학 과정에서조차 모두 다룰 수 없다. 수학과 대학원에 진학을 해야지만 해석학, 기하학, 대수학과 같은 세부 수학 분야 중 하나를 선택해서 1950년대 이후의 수학을 공부하게 된다. 박사 학위를 받을 때쯤이면 비로소 현대 수학을 접할 수 있지만 그때는 리만기하학이라든가 미분위상기하학이라는, 일반인에게는 이름도 낯선 분야의 최신 연구를 따라가기에도 충분히 벅차다. 상황이 이렇다 보니 20세기에 들어서는 새로운 의료 기술이나 의료 기기를 임상의사가 단독 연구로 만드는 일은 거의 없다. 오히려 생체공학자 또는 의공학자라고도 부르는 '의학 지식을 갖춘 공학자'에 의해서 혹은 이들과 임상의사들과의 협업 연구에 힘입어 새로운 의료 기술이 탄생하는 것이 일반적이다.

그래서 많은 생체공학자들은 "진정한 의미에서의 생체공학의 시작은 심전도의 발명부터"라고 주장한다.[36] 현대적인 심전도는 네덜란드의 빌럼 에인트호번Willem Einthoven이 개발했다. 그는 의과대학을 졸업

했지만 환자를 치료하는 임상의사가 아니라 기초의학에 매진하는 연구자의 길을 택했다. 그는 '의학에 대한 이해를 바탕으로 공학 기술을 이용해서 새로운 의료 기술을 개발한 공학자'이기에 최초의 생체공학자로 불리기에 전혀 손색없다. 실제로 그는 미국전기전자공학회^{IEEE}에서 운영하는 공학 분야 명예의 전당인 '공학기술역사 위키' 사이트에 의과대학 출신으로는 드물게 이름이 올라 있다.

1903년 에인트호번은 영국 생리학자인 오거스터스 월러^{Augustus} ^{Waller}가 1887년에 실시한 심전도 측정 실험을 기초로 해서 왼쪽 다리와 양손에서 측정한 전기 포텐셜$^{Electric\ Potential}$[37]을 이용해 심장 전류의 흐름을 관찰할 수 있게 하는, 270kg에 달하는 거대한 기계 장치를 개발했다. 놀라운 사실은 에인트호번이 개발한 '3-채널 심전도 측정 방식'을 100년도 더 지난 현대 의학에서도 표준 측정 방법으로 쓰고 있다는 것이다. 에인트호번의 초기 심전도 측정 장치는 심장이 뛸 때마다 갈바노미터^{Galvanometer}[38]라고 부르는 전자기 액추에이터^{Actuator}가 가느다란 실을 위아래로 오르내리게 하면, 실 뒤에서 원통에 감겨 천천히 움직이는 필름에 빛을 쪼여서 실의 움직임을 기록하는 방식이었다(그림 23 참조). 에인트호번은 자신의 심전도 신호가 인류 최초의 심전도로 기록되기를 간절히 원했지만, 동료 연구자들과 그의 제자들은 그가 직접 기계에 들어가는 것을 강력히 만류했다고 한다. 그도 그럴 것이 당시에는 전류가 거꾸로 흐르는 것을 막을 수 있는 다이오드^{Diode}와 같은 반도체 소자가 개발되기 이전이라 기계가 오작동이라도 하는 날에는 피실험자가 감전사를 당할 위험이 있었다. 결국 에인트호번은

PHOTOGRAPH OF A COMPLETE ELECTROCARDIOGRAPH, SHOWING THE MANNER IN WHICH THE ELECTRODES ARE ATTACHED TO THE PATIENT, IN THIS CASE THE HANDS AND ONE FOOT BEING IMMERSED IN JARS OF SALT SOLUTION

➠ (그림 23) 에인트호번의 심전도 측정 장치
출처: Wikipedia Commons

주위의 만류를 이기지 못하고 최초의 심전도 신호 측정의 영광을 자신이 기르던 개에게 양보할 수밖에 없었다. 다행히 기계는 정상적으로 작동했고 에인트호번은 현대적인 심전도 기기를 개발한 공로로 생체공학자 중 최초로 노벨 생리의학상 수상자가 됐다. 에인트호번의 노벨상 수상은 생체공학이 의학 분야에 끼친 공헌을 최초로 인정받은 것으로서 이후에도 MRI와 CT 등의 의료 기기를 개발한 생체공학자가 노벨 생리의학상을 받는 단초가 됐다.

심장의 여러 가지 이상 중에는 동방결절이 제대로 된 전기 신호를 만들어내지 못해서 생기는 경우가 많다. 동방결절은 심장이 운동을 시작할 수 있게 하는 일종의 스위치 역할을 한다. 이것이 제대로 작동하지 않으면 심장이 정상보다 느리게 뛰거나 불규칙적으로 움직여 우리 몸에 산소와 영양분이 제대로 공급되지 못한다. 이런 환자의 동방결절을 대신해서 전기 신호를 만들어주는 장치가 있다. 바로 '심장 페이스메이커Cardiac Pacemaker'라고 부르는 장치다.[39] '페이스메이커'라는 단어를 사전에서 찾아보면 "중거리 이상의 달리기 경주나 자전거 경주 따위에서, 기준이 되는 속도를 만드는 선수"라는 해설이 가장 먼저 등장한다. 2012년 개봉한 우리나라 영화 「페이스메이커」에는 주인공 주만호 역을 맡은 김명민이 마라톤 경기에서 페이스메이커 역할을 하는 선수로 등장한다. 그는 마라톤 국가 대표 에이스가 경기 초반에 너무 페이스를 높여 급하게 달리는 바람에 후반에 체력이 떨어지거나 너무 느린 속도를 유지하다가 선두권에서 멀어지지 않도록 약속된 페이스대로 달리는 역할을 한다. 심장 페이스메이커는 마라톤 페이스메이커처럼 일정한 주기로 전기 펄스 신호를 심장에 보냄으로써 심장이 일정한 속도로 뛸 수 있게 한다. 간단한 원리의 장치로 보이지만 이것을 사람의 몸속에 넣게 되기까지 많은 사람들의 노력과 시행착오가 필요했다.

심장 페이스메이커의 역사는 곧 세계적인 의료 기기 회사인 메드트로닉Medtronic[40]의 역사라고 해도 과언이 아니다. 메드트로닉은 영리를 추구하는 회사지만 생체공학의 역사에서는 그 이상의 의미가 있다. 이 회사는 페이스메이커를 비롯해서 인슐린 펌프, 뇌심부자극기와 같은 여러 혁신적인 의료 기술을 개발했고, 이런 기술은 의학의 역사를 바꾸고 인간의 수명을 연장하는 데 크게 기여했다. 메드트로닉은 1949년 미국 미네소타 출신의 전기공학자인 얼 바켄Earl Bakken이 그의 매부인 파머 허먼슬라이Palmer Hermundslie와 함께 만든 작은 의료 기기 수리 회사에서 출발했다. 메드트로닉은 바켄 부모님의 집에 딸린 작은 차고에서 문을 열었다. 잘 알려진 바와 같이 스티브 잡스Steve Jobs와 스티브 워즈니악Steve Wozniak도 차고에서 애플Apple을 시작했고, 래리 페이지Larry Page와 세르게이 브린Sergey Brin도 차고에서 구글Google을 창업했다. 바켄과 허먼슬라이는 첫 달 수입으로 고작 8달러를 벌었지만 66년이 지난 2015년 현재 메드트로닉의 연간 매출은 무려 23조 원에 달한다. 메드트로닉은 바켄과 허먼슬라이가 공동 창업주이지만 사실 이 회사의 기술적인 부분은 바켄이 전담했다. 초창기 애플에서 스티브 잡스의 역할은 허먼슬라이가, 스티브 워즈니악 역은 바켄이 맡았던 셈이다. 바켄은 자신이 사업가 대신 발명가로 불리는 것을 좋아했다. 실제로 그는 개인 홈페이지(earlbakken.com)에 자신을 '미국의 발명가'로 소개하고 있기도 하다. 그는 회사에서 은퇴해 하와이에서 생활하면서도 꾸준히 발명을 하고 있는데 무려 82세의 나이에 등록한 특허도 있다. 그는 90세가 넘은 현재도 자신의 개인 홈페이지를 스스로 업데이트하며 메드트로닉의 홍보대사 역할을 수행하고 있다. 자신의 일에 열정을 가진 사람에게 나이란 무의미한 숫자에 불과한 법이다.

생체공학 분야에서 '살아 있는 전설'이라고 불리는 바켄의 일대기는 그의 개인 홈페이지나 메드트로닉 회사 홈페이지에도 상세하게 기록돼 있는데, 필자는 운이 좋게도 2009년 얼 바켄이 직접 자신의 일대기를 소개하는 강연에 참석해 그의 흥미로운 '비하인드 스토리'를 직접 듣는 기회를 가졌다.

심장 페이스메이커의 발명은 바켄과 심장외과 의사인 월턴 라일헤이Walton Lillehei의 운명적인 만남에서 시작됐다. 바켄은 제2차 세계대전이 끝난 뒤 실업자가 넘쳐나는 극심한 불황기에 가족의 생계를 걱정하며 어려운 삶을 이어나가고 있었다. 24세에 이미 결혼을 한 바켄은 한 가족의 생계를 책임져야 할 가장이었기 때문이다. 긴 전쟁이 끝나면서 전기공학자에 대한 수요가 줄어들자 그는 생계를 위해 엔터테인먼트 산업에 뛰어들어 '트윈코'라는 이름의 기획사를 설립했다. 하지만 '슬림 짐과 방랑자 아이Slim Jim & the Vegabond Kid'의 음반을 냈다가 큰 빚을 지고 파산하기도 했다.

첫 사업에서 실패를 맛본 뒤 좌절의 나날을 보내던 바켄은 어느 날 미니애폴리스 인근의 작은 바에서 홀로 술을 마시다가 옆자리에 앉아 실의에 찬 모습으로 술잔을 기울이고 있는 한 젊은 의사와 대화를 나누게 된다. 그는 자신을 미네소타 대학병원의 심장외과 전문의 월턴 라일헤이라고 소개했다. 사실 그는 자신의 환자들을 살리지 못하는 것에 대해 심하게 자책하고 있었는데, 당시에는 동방결절의 이상으로 심장 박동이 비정상인 환자를 살릴 방법이 전혀 없었기 때문이다. 라일헤이와 대화를 나누던 바켄은 자신이 학창 시절에 발명한 테이저 건Taser Gun41과 유사한 전자 무기를 떠올렸다. 그는 '심장 전류를 스스로 만들어내지 못한다면 몸 밖에서 전기 충격을 가해서 전류를 흘려주면 되지 않을까?'라는 엉뚱한 생각을 했다. 바켄은 라일헤이의 도움을 받아 이 아이디어를 실제로 구현하기로 마음먹고 매부인 허먼 슬라이와 함께 메드트로닉이라는 이름의 의료 기기 회사를 설립했다. 그때가 1949년, 바켄이 25세가 되던 해다. 회사 설립 초기에는 의료 기기 수리업을 함께 했는데 이는 페이스메이커 개발을 위한 연구 자금을 벌기 위해서였다.

이들은 1년여간의 노력 끝에 작은 방 하나를 가득 채우고도 남을 만큼 거대한 크기의 심장 페이스메이커를 완성했다. 이 기계를 동방결절이 고장 난 환자의 심장에 연결하자 놀랍게도 멈췄던 심장이 다시 뛰기 시작했다. 처음 기계를 이식받은 환자는 이 기계 덕분에 가족과의 이별을 준비할 수 있는 충분한 시간을 벌 수 있었다. 바켄의 노력으로 기계는 점점 발전했고 많은 환자가 생명을 연장할 수 있었다. 하지만 바켄의 '아름다운 도전'은 그리 순탄치만은 않았다. 1957년 10월 31일 미네소타 주를 덮친 정전으로 바켄의 기계에 의존해 생명을 연장하고 있던 라일헤이의 많은 어린이 환자가 하룻밤 사이에 모두 사망하는 엄청난 비극이 발생했다. 깊은 실의에 빠진 라일헤이는 바켄을 불러 이 문제를 즉시 해결해줄 것을 요청했고, 바켄은 다시 차고로 돌아가서 고민을 시작했다.

바켄이 최초의 페이스메이커를 개발한 뒤 7년여의 시간이 흐르는 동안 트랜지스터가 발명돼서 진공관을 빠르게 대체하고 있었다. 높은 전압의 교류 전원을 쓰지 않고 작은 배터리로 동작하는 페이스메이커를 만들기 위해서는 진공관보다 전력을 덜 소모하는 트랜지스터를 쓰지 않을 수 없었다. 그런데 문제는 바켄이 트랜지스터를 잘 모른다는 데 있었다. 차고에서 의료 기기 수리업을 병행하던 영세한 회사가 전자공학 전문가를 고용할 수 있을 리도 만무했다. 그런데 그의 고민은 뜻밖의 곳에서 해결됐다. 그는 전자공학 동호인을 위한 대중 잡지인『파퓰러 일렉트로닉스Popular Electronics 』[42]에서 우연히 문제 해결의 실마리를 찾을 수 있었다. 당시 바켄이 찾은 잡지에는 트랜지스터를 이용해서 메트로놈Metronome[43]을 구현하는 회로도가 부록으로 실려 있었는데, 그는 이것을 발견하고 환호성을 지르지 않을 수 없었다. 메트로놈의 회로에서 바늘을 움직이는 모터만 떼어내면 그 자체가 바로 일정한 주기로 전류를 흘려주는 페이스메이커가 되기 때문이었다. 그가 부품을 구입하고 밤새 납땜 작업을 해서 손바닥 크기의 휴대용 페이스메이커를 만드는 데에는 정확히 4주라는 시간이 필요했다. 그의 새 장치는 곧 환자들의 몸에 이식돼서 다시 많은 생명을 살리기 시작했다.

　바켄에게 큰 도움을 준『파퓰러 일렉트로닉스』는 그가 메트로놈의 회로를 찾았던 1957년 당시 연간 24만 151권이나 팔렸다고 한다. 각종 회로도와 전자 부품 광고로 가득 찬 잡지가 1년에 20만 권 이상 팔렸다는 사실은 당시 미국에서 얼마나 많은 사람이 전자공학에 관심을 갖고 있었는지를 단적으로 보여주는 사례다. 같은 시기에 '우주 유영'이란 뜻의 이름을 내건 잡지인『애스트로노틱스』도 큰 인기를 모은 것을 생각해보면 당시 미국에는 '과학 기술 마니아'가 상당히 많았음을 알 수 있다. 돌이켜보면 필자가 중·고등학교를 다니던 시절 우리나라에도 열혈 독자층을 확보한 기술 전문 잡지가 있었다. 이 잡지가 나오는 날 무렵이면 동네 서점의 진열대 주변을 두리번거리며 찾았던 기억이 있다. 그 주인공은 바로 1983년 창간해서 1998년 폐간할 때까지 부동의 국내 1위 기술 잡지 자리를 지킨 『마이컴(구 컴퓨터학습)』이라는 컴퓨터 잡지다. 인터넷이나 PC통신이 없던 시절에 "애플에서 쫓겨난 스티브 잡스가 NeXT라는 새로운 컴퓨터 회사를 설립했다"라던가 "누구나 MS-DOS를 쉽게 쓸 수 있는 소프트웨어가 출시됐다"[44]와 같은 최신 컴퓨터 정보를 전해주던 유일한 매체였다. 가끔 부록으로 제공한 무료 게임 디스켓은 그렇지 않아도 홀쭉했던 우리의 호주머니를 털어버릴 '달콤한 유혹'이었다. 잡지가 나온 다음 날이면 학교에서 소위 '컴잘알(컴퓨터를 잘 아는 사람)'을 자처하던 친구들끼리 모여 앉아 잡지 내용에 대해 이야기꽃을 피우곤 했다. 『마이컴』과 같은 대중 기술 잡지가 수많은 컴퓨터 마니아를 만들었고, 결국 IT 강국 대한민국을 만드는 밑거름이 되지 않았을까 생각한다. 그래서 요즘과 같은 정보 홍수 시대에도 과학 전문 잡지나 과학책에 대한 관심이 커지고 있다는 최근의 조사 결과는 정말 반가운 소식이 아닐 수 없다.

전자공학 기술이 더욱 발전하면서 바켄의 페이스메이커는 사람의 몸속에 넣을 수 있을 만큼 작고 가벼워졌다. 이때 결정적인 역할을 한 사람이 전설적인 미국의 발명가 윌슨 그레이트배치^{Wilson Greatbatch}다. 그는 당시 가장 큰 이슈였던 안정적이고 오래가는 배터리 개발 문제를 해결했다. 수은을 이용한 배터리를 발명해서 완전히 몸에 이식할 수 있는 페이스메이커를 만드는 데 성공한 것이다. 이후에도 페이스메이커 기술은 계속 발전해서 동방결절에 이상이 있는 사람뿐만 아니

◈ (그림 24) 미니애폴리스 소재 바켄 박물관(Bakken Museum)에서 존경하는 얼 바켄의 동상을 옆에 두고 기념 사진을 찍었다.

라 좌우 심방이 서로 다르게 뛰는 사람의 심장까지 정상적으로 뛰게 만드는 동기 기능Synchronizer과 심장이 천천히 뛰도록 조절하는 기능도 추가됐다. 페이스메이커는 이제 많은 이들에게 일생을 함께하는 몸의 일부가 됐다. 미국의 유명 개그맨 버디 그라프Buddy Graf는 자신의 몸에 심박 안정용 페이스메이커를 장착한 뒤 건강해진 모습으로 다시 선 무대에서 다음과 같은 농담을 했다고 한다. "나는 의사들에게 내 페이스메이커가 잘못 이식된 것 같다고 했어요. 왜냐면 내가 재채기를 할 때마다 우리 집 주차장 문이 열렸다 닫혔다 하거든요."

페이스메이커의 발명은 심장병을 앓는 많은 환자에게 새로운 생명을 불어넣었다. 하지만 심장에 생기는 질환은 너무나 다양하므로 새로운 심장을 이식하지 않으면 생명을 잃는 경우도 많다. 최초의 심장 이식은 1967년에 이뤄졌지만 50여 년이 지난 현재도 심장 이식 환자의 수는 1년에 5000명이 채 되지 않는다.[45] 가장 큰 이유는 이식할 심장을 구하기 어렵다는 것이다. 심장 이식을 위해서는 기증자가 장기 기증을 서약한 뇌사 상태의 환자여야 하며, 보호자가 환자의 사망을 인정해야 하고, 기증자의 조직이 새로운 심장을 받을 환자의 조직과도 잘 일치해야 하는 등 여러 가지 까다로운 조건을 동시에 충족해야 하기 때문이다. 결국 심장 이식을 받고자 하는 환자는 자신에게 적합한 기증자가 나타날 때까지 자기의 심장이 멎지 않기를 기도하며 기다리는 방법밖에 없다. 그래서 생체공학자들은 심장 이식이 필요한 환자가 이식에 알맞은 심장을 찾을 때까지라도 생명을 연장시킬 수 있는 장치를 개발하기로 했다. 그 결과로 나온 것이 바로 심실의 역할을 대신해서 온몸에 혈액을 보내는 '심실보조장치'다. 이 '임시 인공 심장'을 사용하기 위해서는 기존 심장의 심실을 떼어낸 다음에 인공적으로 만든 심실을 부착해야 한다. 새로운 심장은 가느다란 튜브를 통해 몸 밖의 에어 컴프레서(공기 압축기)와 연결되는데 컴프레서가 압축 공기를 인공 심실로 밀어 넣으면 인공 심실에 들어찬 혈액이 온몸과 폐로 보내지는 원리다. 이 시스템의 개발과 보급을 주도하고 있는 미국의 신카디아 시스템스SynCardia Systems라는 회사의 조사 결과에 따르면 인공 심장을 장착한 환자는 적합한 심장을 구할 때까지 80%가 생존했지만, 그렇지 않은 환자는 불과 40% 정도만 버틸 수 있었다. 최

근에는 외부에 에어 컴프레서를 장착하지 않고 프로펠러를 회전시켜서 일정한 속도로 혈액을 흘려주는 비박동형 심실보조장치도 개발됐다. 하지만 가장 최근에 나온 인공 심장조차도 너무 크기 때문에 환자는 이를 장착한 채 일상적인 활동을 하기 어렵다. 그래서 인공 심장을 연구하는 생체공학자들의 꿈은 다른 사람의 심장을 이식받을 필요 없이 인공 심장 자체가 새로운 심장이 되게 하는 것이다. 영화 「아이언맨」에서는 주인공이 너무나 쉽게 핵융합 에너지로 작동하는 인공 심장을 장착하지만, 심장은 우리 몸에서 뇌 다음으로 복잡하고 정교한 기관이라는 사실을 잊어서는 안 된다. 현재 기술로는 「오즈의 마법사」에 등장하는 양철 나무꾼이 그토록 원하던 '완전 이식형 인공 심

장'의 개발은 어려워 보인다. 그렇지만 생체공학자들의 노력에 힘입어 미래에는 많은 심장병 환자가 인공 심장을 통해 새 생명을 얻게 되기를 기대한다.

잃어버린 소리를 찾아서
바이오닉 귀

바이오닉 맨의 대표가 600만불의 사나이 '스티브 오스틴' 대령이라면, 바이오닉 우먼의 대표는 '제이미 소머즈'라는 여성 캐릭터다. 소머즈는 1980년대 우리나라에서 「600만불의 사나이」의 속편으로 인기리에 방영된 「소머즈(원제: The Bionic Woman)」의 주인공이다. 극 중에서 소머즈는 초등학교 교사이자 전직 프로 테니스 선수였는데 스카이다이빙을 하다가 불의의 사고를 당해 오른쪽 귀와 오른쪽 팔, 그리고 두 다리를 잃는다. 오스틴 대령의 활약으로 재미를 본 과학정보국은 이번엔 여성 첩보원이 필요했나 보다. 그래서 오스틴 대령 때보다 무려 100만 달러나 더 투자해 바이오닉 귀, 바이오닉 팔, 바이오닉 다리를 장착한 최초의 바이오닉 우먼을 탄생시킨다.[46] 앞선 장에서 이미 바이오닉 팔과 바이오닉 다리에 대해 살펴봤으니, 이번에는 '바이오 닉 귀' 이야기를 해보고자 한다.

드라마에서 소머즈는 새로 이식받은 바이오닉 귀로 수백 미터 떨어진 곳의 사람들이 대화하는 소리를 들을 수 있다. 물론 항상 들리는 것은 아니고 본인이 원할 때만 그렇다. 이 드라마의 오프닝 장면을 보면 소머즈의 귀는 '1400dB(데시벨) 증폭'이 가능하다는 문구가 등장한다. 우선 이 수치가 얼마나 엄청난 것을 의미하는지 살펴보자. 증폭률이 10배일 때(소리의 크기를 10배 더 크게 들려준다는 뜻) 20dB이고 100배이면 40dB, 1000배이면 60dB이다. 1400dB이 되려면 무려 '10의 70제곱'배만큼 증폭을 해야 한다는 의미인데 10의 70제곱은 셀 수 있는 단위조차 없을 만큼 큰 수다. 자, 일단 드라마 제작자가 고등학교 때 수포자(수학포기자)였다고 생각하고 이런 '사소한' 부분은 그냥 넘어가도록 하자. 아무튼 엄청나게 큰 배율로 증폭하면 멀리 있는 소리를 들을 수 있다는 것은 일단 사실이다. 그런데 문제는 소리가 공기를 통해 전파되면서 그 크기가 감소한다는 데 있다. 당연한 얘기지만 멀리 떨어진 곳에서 나는 소리는 가까운 데서 나는 소리보다 상대적으로 작게 들린다. 소리를 수백 미터 떨어진 곳에서 나는 것까지 듣기 위해서 엄청나게 증폭한다면 소리가 전파되는 공간에서 발생하는 모기가 날아다니는 소리, 새가 날개를 퍼덕이는 소리, 나뭇가지가 흔들리는 소리도 함께 증폭되기 때문에 실제로 먼 곳에서 나누는 대화를 엿듣는 것은 불가능에 가깝다. 즉, 먼 곳의 대화를 알아듣기 위해서는 그 소리 이외에는 경로상에 다른 공기의 진동이 없어야 한다는 뜻이다. 물

귀로 소리를 듣는 원리

중·고등학교 생물 시간에 배웠듯이 사람의 귀는 크게 외이, 중이, 내이로 구성 돼 있다. 소리는 공기의 떨림을 통해 우리 귀에 전달된다. 이 공기의 진동은 외 이를 지나 중이 바로 직전에 있는 고막을 진동시키고 이 떨림은 다시 중이에 있 는 이소골이라고 부르는 3개의 작은 뼈를 떨리게 한다. 이소골은 일종의 생체 증폭 장치인데 여기를 지나면서 고막의 떨림은 약 22배 증폭돼 내이로 전달된 다. 내이에 있는 와우, 즉 달팽이관은 림프액이라는 액체로 가득 차 있으며 2바 퀴 반 정도 감긴 달팽이 모양이다. 와우 내부에는 유모세포Hair Cell라고 하는 짧 은 머리카락 모양의 세포가 촘촘하게 들어차 있는데, 음파가 이 세포의 끝을 떨 리게 하면 그 움직임이 전기 신호를 발생시켜서 대뇌의 청각피질Auditory Cortex로 보낸다. 인간의 귀가 놀라운 것은 음위상Tonotopy이라는 성질 때문이다. 유모세 포는 달팽이관의 어느 부위에 위치하느냐에 따라 반응하는 음의 높낮이가 달라 어떤 세포는 높은 음에, 또 다른 세포는 낮은 음에만 반응한다. 음의 높이Tone는 보통 주파수에 의해 달라지는데 달팽이관에서 유모세포의 위치마다 반응하는 주파수가 달라진다는 뜻이다. 유모세포가 발생시키는 특수한 패턴의 전기 신호 는 청신경을 따라 대뇌의 청각피질로 전달되고 뇌는 이 신호를 해석한다.

론 인간의 귀는 소리가 나는 방향과 거리를 알 수 있는 '음원 국지화 Sound Localization'와 여러 소리 중에서 특정한 소리만 더 집중해서 들을 수 있는 '선택적 주의집중Selective Attention'이라는 능력을 갖고 있으므로 '귀

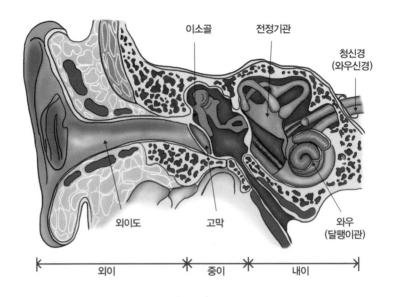

이소골　전정기관

청신경
(와우신경)

외이도　고막

와우
(달팽이관)

외이　중이　내이

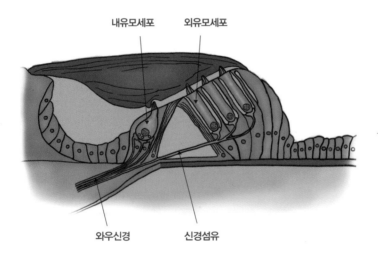

내유모세포　외유모세포

와우신경　신경섬유

→ (그림 26) 귀의 구조

를 기울이면' 멀리 떨어진 곳에서 나누는 대화를 좀 더 잘 들을 수 있기는 하다. 그런데 이런 능력은 기본적으로 두 귀를 사용할 때만 가능하다. 두 귀에 들어오는 소리의 미세한 크기와 타이밍 차이를 우리 뇌가 인식하기 때문이다. 따라서 한쪽 귀만으로는 음원 국지화를 하는 것이 불가능하다. 그런데 소머즈는 오른쪽 귀만 잘 들을 수 있고 왼쪽 귀는 보통의 귀다. 당연히 음원 국지화는 불가능하다. 멀리 떨어진 곳에서의 대화 소리는 왼쪽 귀로는 전혀 들을 수 없으니 오른쪽 귀 하나만 써서 소리를 듣는 것이나 마찬가지이기 때문이다. 만약 드라마 제작자가 과학에 대한 소양이 조금이라도 있었다면 양쪽 귀를 모두 바이오닉 귀로 대체하는 설정을 했을 것이다.

인간의 오감 중에서도 청각은 인류가 생존하는 데 특히 중요한 역할을 해왔다. 인류 역사의 대부분을 차지하는 수렵 시대 동안 청각은 칠흑 같은 어둠이 깔린 동굴이나 무성하게 우거진 갈대숲 속에서 천천히 다가오는 위험을 미리 알아챌 수 있게 해준 고마운 감각이다. 이뿐만 아니다. 청각은 인간만이 가진 능력인 '언어를 통한 의사소통'을 위해서도 필수적인 감각이다. 사람이라면 누구나 '건강하게 오래 살기'를 갈망하지만, 나이가 들어 신체의 기능이 떨어지는 것은 현대 의학에서도 막을 방법이 없다. 귀도 마찬가지다. 인간이 들을 수 있는 소리의 주파수는 20~2만Hz(초당 진동수)인데, 나이가 들수록 높은 주파수의 소리(높은 음)부터 점차 잘 들리지 않게 된다. 여기서 '잘 들리지 않는다'는 말은 과거에는 잘 들을 수 있었던 세기의 소리가 들리지 않는다는 뜻이다. 나이가 들면 좋아하는 음악 취향이 바뀌는 것도 과거에 잘 들리던 음역이 잘 안 들리게 되는 현상과 무관하지 않다. 여기에는 여러 가지 요인이 있을 수 있지만, 나이가 들면 달팽이관 내부에서 음파 진동을 전기 신호로 바꿔주는 유모세포Hair Cell가 죽거나 탄력성이 떨어지는 것이 가장 중요한 이유다. 우리가 흔히 '보청기Hearing Aid'라고 부르는 귀에 꽂는 작은 전기 장치는 마이크를 통해 소리를 전기 신호로 바꾼 다음에 증폭기라는 전자회로를 이용해 신호의 크기를 키우고, 이것을 다시 음파로 바꿔 소리를 크게 만들어주는 일을 한다. 원리가 간단하기 때문에 트랜지스터가 발명되기 훨씬 전인 1920년대부터 진공관을 이용해서 만든 보청기가 있었을 정도로 오랜 역사를 자랑하는 의료 기기다.

그런데 이처럼 노화 때문에 소리를 잘 못 듣는 것이 아니라 귓속 조직이나 기관이 바이러스에 감염되거나 외상을 입으면 단순히 소리를 키우는 것만으로는 청력을 회복할 수 없다. 열차 차장이 때린 따귀 때문에 고막이 터져 한쪽 귀의 청력을 잃은 에디슨,[47] 납 중독으로 청력을 잃은 베토벤 등이 대표적인 사례다. 에디슨이나 베토벤은 유모세포나 청신경에 이상이 있었던 것이 아니라 외이나 중이가 손상됐던 것으로 알려져 있다. 인류사에 한 획을 그은 이 위인들은 남은 생을 청각 장애를 갖고 지낼 수밖에 없었지만, 만약 그들이 현세에 살았다면 정상인처럼 소리를 들을 수 있었을지도 모른다. 바로 '뼈 고정 보청기Bone-Anchored Hearing Aid: BAHA'라는 장치가 개발됐기 때문이다.

뼈 고정 보청기는 '골전도Bone Conduction'라는 현상을 이용하는 장치다. 골전도는 고막의 떨림으로 소리를 듣는 것이 아니라 두개골의 진동이 내이에 직접 전달됨으로써 듣게 되는 현상을 말한다. 사실 우리가 말할 때 자신의 목소리를 듣는 것은 성대에서 나는 소리가 공기를 타고 다시 귀로 전달되는 것도 있지만 성대의 떨림이 두개골로 직접 전달돼서 듣게 되는 비중이 더 크다.

스마트폰으로 자신의 목소리를 녹음해서 들으면 자신이 평소에 듣던 소리와 조금 다르게 들리는 것도 이 때문이다. 실제로 두개골은 저음을 더 잘 전달하기 때문에 골전도를 통해 듣는 자신의 목소리는 실제보다 좀 더 낮게 들린다. 골전도 현상을 이용하면 귀에 이어폰이나 헤드폰을 직접 가져다 대지 않고 두개골에 진동자Vibrator[48]를 붙여서 소리를 듣는 것도 가능한데, 이런 방식으로 만든 헤드폰을 '골전도 헤드폰'이라고 한다. 이 헤드폰은 착용이 간편하지만 귀에 꽂는 것보다는 음질이 떨어지기 때문에 많이 쓰지는 않는다. 하지만 공기의 진동을 만들 필요가 없기 때문에 완벽한 방수가 가능해서 스쿠버다이버가 헤드폰으로 쓰기도 한다. 2013년에 출시된 '구글 글라스Google Glass'에도 일반 이어폰 대신에 골전도 헤드폰이 장착됐는데, 이는 구글 글라스에서 나는 소리를 주위 사람이 듣지 못하게 하기 위해서였다.

두개골이 떨리는 것을 소리로 들을 수 있다는 것은 놀라운 인체의 신비가 아닐 수 없다. 2013년 6월 프랑스 칸Cannes에서 열린 '국제 창의 페스티벌International Festival of Creativity'에서는 골전도 현상을 아주 창의적으로 이용한 사례가 발표돼서 많은 이들의 주목을 받았다. 독일의 '스카이 도이칠란드Sky Deutschland'라는 방송사와 'BBDO 저머니BBDO Germany'라는 광고대행사가 만든 광고인 '말하는 창문The Talking Window'이 바로 그것이다. 광고는 고단한 하루를 보내고 피곤에 찌든 모습으로 출퇴근 열차에 몸을 실은 직장인들의 모습을 보여주는 것으로 시작한다. 창가에 앉은 사람들은 어느 순간엔가 습관처럼 유리창에 머리를 기대는데, 그때 갑자기 들려오는 누군가의 목소리에 소스라치듯 놀란다. 그 목소리는 오직 유리창에 머리를 대고 있는 사람만 들을 수 있었는데 그 비밀은 바로 골전도 현상에 있었다. 음성 신호에 맞춰 유리창을 진동시키면 유리창과 맞닿은 두개골이 떨리면서 소리가 들렸던 것이다.

골전도 현상을 이용한 헤드폰은 청각이 정상인 사람보다는 외이나 중이가 손상돼서 음파가 내이로 전달되지 않는 사람에게 더욱 유용할 수 있다. 두개골의 떨림은 외이와 중이를 건너뛰어 내이에 직접 전달되기 때문이다. 기록에 따르면 베토벤은 청력을 완전히 잃고 난 뒤에는 작곡을 하면서 피아노를 칠 때 본체에 귀를 밀착시킨 채 연주를 했다고 한다. 그러면 골전도 현상에 의해 피아노의 진동음이 베토벤의 내이로 전달될 수 있었을 것이다. 만약 당시에 골전도 헤드폰만 있었더라도 우리는 베토벤의 주옥같은 음악을 더 많이 들을 수 있었을지도 모른다. 베토벤이 활용한 방식은 골전도 헤드폰을 쓰는 것보다는 훨씬 불편했을 것이기 때문이다. 뼈 고정 보청기는 아예 골전도 헤드폰을 두개골에 삽입한 것이다. 뼈 고정 보청기의 끝에는 티타늄으로 만든 작은 스크루가 달려 있는데 두개골에 드릴로 작은 구멍을 뚫은 다음에 이것을 박아 넣는다. 그러면 부러진 뼈가 시간이 지나면 굳듯이, 이 스크루도 한두 달이 지나면 두개골에 붙어서 단단하게 고정된다. 뼈 고정 보청기의 바깥 부분에 소리를 모을 수 있는 작은 마

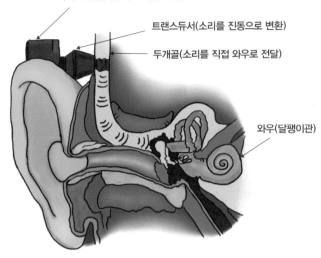

마이크로폰(외부의 소리를 수집)

트랜스듀서(소리를 진동으로 변환)

두개골(소리를 직접 와우로 전달)

와우(달팽이관)

◈ (그림 27) 뼈 고정 보청기의 원리

이크를 장착하면, 마이크에서 측정한 전기 신호에 맞춰 보청기의 스크루가 진동하는데, 이 진동이 다시 두개골을 거쳐 내이에 전달되면 소리를 들을 수 있다. 뼈 고정 보청기를 이용하려면 수술이 필요하지만 골전도 헤드셋보다 높은 음역의 소리를 잘 전달하기 때문에 사용자가 실제에 더 가까운 소리를 들을 수 있다. 두개골 바깥에 있는 두피와 지방층은 소리에 포함된 고음을 걸러내는 일종의 필터 역할을 하기 때문이다. 청각 장애인의 잃어버린 청각을 되찾아주는 '바이오닉 귀'는 생각보다 역사가 오래됐는데 뼈 고정 보청기가 1977년부터 환자들에게 시술되기 시작했으니 이미 40년이 넘는 역사를 이어온 셈이다.

그런데 골전도 헤드폰이나 뼈 고정 보청기를 구현하기 위해서는 전기 신호를 진동으로 바꾸는 장치가 필요하다. 여기서 생체공학 분야에서 절대로 빼놓을 수 없는 중요한 물질 하나를 소개하고자 한다. 바로 '압전체Piezoelectric Material'라는 물질이다. 압전체의 '압壓'은 '압력'을 의미하고 '전電'은 '전기'를 뜻하므로 이는 곧 '압력을 받으면 전기를 만들어내는 물체'라는 의미다. 압력을 주면 전기가 발생하는 것도 충분히 신기할 만하지만, 더 신기한 사실은 역으로 압전체에 전류를 흘리면 압전체의 모양이 변한다는 것이다. 이 재미난 성질을 지닌 재료는 우리 주변에서도 흔하게 찾아볼 수 있는데 보석의 일종인 수정도 그중 하나다. 이 현상을 조금 응용해서 압전체에 전류를 흘렸다 말았다 반복하면 압전체가 전류 변화에 맞춰서 춤을 추듯 진동한다. 사실 전기 신호를 진동으로 바꿔주는 장치에는 스피커에 사용하는 전자석 액추에이터Electromagnetic Actuator[49]가 있지만, 압전체를 이용하면 더 작고 더 납작하게 만드는 것이 가능하다. 가격이 높고 상대적으로 음질이 좋지 않아서 많이 쓰지는 않지만, 벽에 걸 수 있을 정도로 납작한 액자 형태의 압전체 스피커도 있다. 압전체는 생체공학의 여러 분야에서 사용하는데, 의료용 초음파를 발생시키는 데 쓰기도 하고 몸에 집어넣는 작은 나노 로봇을 움직이는 동력원으로도 활용한다. 최근에는 심장 표면에 얇은 압전체를 부착한 뒤 심장이 뛸 때 압전체에서 발생하는 전기를 수집해 이것을 다시 심장 페이스메이커의 전원으로 재활용하는 연구도 진행하고 있다.

외이나 중이가 손상된 사람은 골전도 헤드폰이나 뼈 고정 보청기를 사용하면 되지만 좀 더 깊은 부위, 즉 내이가 손상된 사람에게는 또 다른 방법이 필요하다. 어떤 사람은 선천적으로 와우 내부의 유모세포가 없거나 손상된 채로 태어나는데, 이 경우에는 음파가 고막과 이소골을 거쳐 와우 내부로 전달되기는 하지만 진동을 전기 신호로 바꿔주는 일종의 '생체 압전체'인 유모세포가 제 기능을 하지 못하기 때문에 소리를 들을 수 없다. 이런 사람에게는 인공 와우^{Cochlear Implant}라는 장치를 통해 잃어버린 소리를 찾아줄 수 있다. 인공 와우의 핵심 부품은 가늘고 기다란 실처럼 생긴 파이프인데 이것의 바깥 면에는 길이 방향을 따라 수많은 전극이 촘촘하게 배치돼 있다. 환자를 마취한 뒤 이 파이프를 와우에 집어넣고, 피부 바로 아래에 삽입한 컴퓨터 프로세서와 연결하면 이식 수술이 끝난다. 그러면 인공 와우는 머리 밖에 있는 귀걸이 형태의 마이크 장치와 무선으로 연결돼서 소리 신호를 받아 온다. 피부 바로 아래에 있는 컴퓨터 프로세서는 이 소리 신호를 주파수에 따라 분리한 다음 각 주파수에 해당하는 전극에 전류를 흘린다.

전자공학에 대한 기본적인 배경 지식이 없는 독자는 생소한 용어의 나열에 다소 어지럼증을 느낄지도 모르겠다. 좀 더 이해하기 쉽게 설명해보겠다. 앞서 TIP에서 이야기한 것처럼 인간의 귀는 '음위상'이라는 성질이 있다. 따라서 각각의 유모세포는 특정한 주파수를 가진 음파가 전달됐을 때만 전기 신호를 만들어낸다. 달팽이관의 시작 부위에 있는 유모세포는 높은 음에, 끝 부위에 있는 것은 낮은 음에 반응한다. 그런데 유모세포가 없는 청각 장애인은 소리의 높낮이에 따

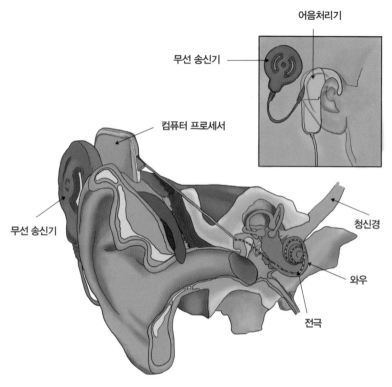

어음처리기

무선 송신기

컴퓨터 프로세서

무선 송신기

청신경

와우

전극

··◈ (그림 28) 인공 와우의 구조

른 전기 신호 패턴을 만들어내지 못한다. 그래서 유모세포의 위치에
이 기능을 대신할 전극을 넣은 다음, 컴퓨터가 분석한 결과를 이용해
서 유모세포가 만드는 것과 비슷한 전류를 직접 흘려주는 것이다.

인공 와우는 유모세포만큼 정밀한 패턴의 전기 신호를 만들어내
지 못하기 때문에 인공 와우를 이식한 뒤에도 정상인이 듣는 것과는
다소 차이가 있다. 하지만 최대한 어린 시절에 이식해서 적절한 훈련
을 하면 정상인과 비슷한 수준으로 언어 능력을 회복할 수 있다. 와우

푸리에 변환

우리가 어떤 신호를 주파수로 분리해내는 것은 생체공학뿐만 아니라 전기공학, 전자공학, 기계공학 등에서도 아주 중요한데, 이때 사용하는 가장 핵심적인 방법이 바로 '푸리에 변환Fourier Transform'이라는 수학 공식을 활용하는 것이다. 현대 과학 기술의 발전에 가장 큰 공헌을 한 수학자를 한 명 꼽으라면 필자는 주저하지 않고 조제프 푸리에Joseph Fourier를 꼽을 것이다. 푸리에는 아이작 뉴턴이나 토머스 에디슨만큼 일반인에게 잘 알려지지는 않았지만 만약 그가 태어나지 않았다면 우리 시대의 모습은 현재와 많이 달랐을지 모른다. 푸리에는 열역학이나 확률론 등 다양한 분야에서 뛰어난 성과를 남겼는데 그중에서도 가장 중요한 업적이 바로 자신의 이름이 붙은 '푸리에 변환'을 만든 것이다. 푸리에는 어떠한 형태의 신호라도 서로 다른 주파수를 가진 사인Sine함수의 합으로 표현할 수 있다는 사실을 알아냈다. 이 발견이 중요한 이유는 푸리에 변환을 이용하면 어떤 신호에 어떤 주파수 성분이 포함됐는지를 알아내거나 특정한 주파수 성분만 골라서 없애는 등의 일이 가능하기 때문이다. 생체 신호를 분석하는 기술이라든가 무선통신 기술 등은 모두 푸리에의 이론에서 시작됐다고 해도 과언이 아니다. 인공 와우의 어음처리기는 귀 부위에 부착한 마이크에서 측정한 소리 신호에 푸리에 변환을 적용해서 신호에 포함된 서로 다른 주파수의 사인함수를 분리한 다음 각 함수의 크기에 비례한 전류를 해당 주파수의 인공 와우 전극에 흘려준다. 푸리에 변환은 수많은 물리 현상을 해석하는 데 사용할 수도 있다. 자연계에 존재하는 많은 현상은 보통 편미분 방정식Partial Differential Equation: PDE이라고 부르는, 2개 이상의 변수를 가진 미분 방정식으로 표현된다. 고체 내에서의 열전도 현상, 자석 주위에 생성되는 자기장, 물에 떨어뜨린 잉크의 확산, 천장에 매단 스프링의 운동과 같은 물리적 현상이 모두 편미분 방정식의 형태를 지닌다. 푸리에 변환, 그리고 그 이전에 만든 '푸리에 급수'가 나오기 전에는 이런 편미분 방정식을 풀 방법이 없었다. 푸리에 변환은 생체공학의 발전에도 엄청난 기여를 했는데, 인공 와우의 어음처리기 이외에도 MRI, CT, 초음파 영상 기술은 모두 이를 토대로 만들었다. 만약 푸리에가 없었다면(물론 몇십 년 뒤에 제2의 푸리에가 나왔을지도 모르지만) 우리 과학 기술의 발전은 적어도 수십 년은 늦어졌을 것이다. 역시 세상은 몇 명의 천재가 바꾸는 것이 맞다.

는 보통 18개월이 지나면 성인의 것과 비슷한 크기로 자라기 때문에 청각 장애를 조기에 진단한다면 18개월 된 유아부터 인공 와우를 이식받을 수 있다. 현재와 같은 형태의 인공 와우는 1982년 호주의 코클리어Cochlea Ltd.라는 회사가 처음 개발했다. 호주는 인공 와우 분야에서 세계 1위를 차지하고 있는 나라인데, 그 때문인지 신생아의 청력 검사를 의무화한 몇 안 되는 나라 중 하나이기도 하다. 안타깝게도 우리나라는 아직 신생아의 청력 검사가 무료 의무 검사가 아니라 선택 검사다. 보험도 적용되지 않기 때문에 5만 원 정도의 추가 비용이 소요된다. 우리나라도 신생아의 청력 검사를 의무화하면 좋겠지만 청력 검사 장비의 가격도 만만치 않기 때문에 쉬운 일은 아니다. 신생아의 청력 검사를 위해서 특수한 장비가 필요한 이유는, 신생아는 소리가 들리더라도 어른들처럼 소리가 나는 쪽으로 눈동자를 움직이거나 고개를 돌리지 못하기 때문이다. 보통은 신생아가 소리를 들을 수 있는지 알아내기 위해서 아기의 뇌파를 측정한다. 아기의 귀에 "삑삑삑삑~"하는 소리 자극을 계속 들려준 다음에 뇌의 청각 영역에서 뇌파가 측정되는지를 확인하는 것이다. 소리를 들을 수 있다면 뇌파에서 특수한 패턴이 관찰된다.

선천적으로 청각 장애를 갖고 태어나는 아기의 비율은 사실 높지 않다. 실제로 이런 까닭에 5만 원 정도의 추가 비용을 아까워하는 부모들이 있는 것도 사실이다. 더구나 아기에게 청각 장애가 있는지를 쉽게 알아챌 수 있을 것이라고 자신하는 부모도 꽤 많다. 그런데 필자는 적어도 이 책을 읽는 독자는 이 추가 비용을 아까워하지 않았으면 한다. 개인적으로 안면이 있는 한 여성 사업가의 딸은 태어났을 때부터 소리를 거의 듣지 못했는데, 아이에게 청각 장애가 있다는 사실을 세 살이 될 때까지도 몰랐다는 이야기를 전해 듣고 경악을 금치 못했다. 하지만 자세한 설명을 듣고 나서는 '어쩌면 그럴 수도 있겠다'는 생각이 들기도 했다. 아이는 청력이 아예 소실된 것은 아니고 바람에 문이 '쾅' 하고 닫히는 소리나 천둥 치는 소리처럼 아주 큰 소리는 약간 들을 수 있었던 것이다. 그래서 아이가 뒤돌아 앉아서 뭔가를 갖고 놀 때 이름을 불러도 돌아보지 않았지만 그녀는 딸이 뭔가에 집중을 하면 빠져드는 성향을 지녔다고 생각했단다. 게다가 가끔 큰 소리가 나면 아이가 그쪽을 돌아봤기 때문에 소리를 듣지 못한다는 생각은 전혀 하지 못했다고 한다. 그나마 딸아이의 청력에 문제가 있음을 알아챌 수 있었던 것은 세 살이 넘어서도 말을 못하는 것이 걱정돼 소아과를 찾은 덕분이었다. 부랴부랴 정밀 검사를 하고 인공 와우 수술을 했지만 정상 아동과 비슷한 언어 발달이 가능하다고 알려진 18개월을 아쉽게도 놓치고 말았다. 설마 우리 아기는 아니겠지 하는 안일한 생각으로 신생아 청력 검사를 하지 않은 대가 치고는 참으로 혹독한 결과가 아닐 수 없다. 우리나라는 전 세계에서 태아의 초음파 검사를 가장 많이 하는 나라라고 한다. 사실은 배 속 아기의 상태를 매달 체크한다고 해서 특별히 대비할 방도가 있는 경우는 많지 않다. 하지만 신생아 청력 검사는 조기에 청각 장애를 인지하고 수술이나 재활을 준비할 수 있기 때문에 다른 검사보다 오히려 더 장려해야 할 것이다.

인공 와우는 1982년에 만들어졌으니 이미 30년 넘는 역사를 가지고 있다. 2012년 자료에 따르면 전 세계에서 인공 와우 시술을 받은 사람의 수가 32만 명을 넘어섰다고 한다. 우리나라도 인공 와우 이식 수술을 시작한 지 20년이 넘은 덕에 어릴 때 인공 와우를 이식하고 대학에 다니는 학생을 간혹 만날 수 있다. 필자가 지금까지 가르친 제자 중에도 3명이나 있는데, 이들의 꿈은 한결같았다. 훌륭한 생체공학자가 돼서 자신이 착용하고 있는 인공 와우의 성능을 개선하는 것, 그래서 인기 가수의 노래를 듣고 따라 부를 수 있게 되는 것, 그리고 자신처럼 어려움을 겪는 많은 감각기관 장애인이 정상인과 같은 삶을 살 수 있게 하는 것이다. 이미 그 꿈을 이뤄나가고 있는 졸업생도, 아직 학교에서 열심히 공부하는 재학생도 있지만 필자는 이들처럼 생체 공학에 대한 소명 의식을 가지고 있는 학생들이 자신의 꿈을 꼭 이뤘으면 좋겠다. 그리고 그들의 꿈처럼 언젠가는 청각 장애인도 정상인들과 똑같이 듣고 말할 수 있게 하는, 소머즈의 '바이오닉 귀' 기술이 개발되기를 간절히 소망한다.

보는 것이 믿는 것이다
바이오닉 눈

다시 미드 「600만불의 사나이」로 돌아가 보자. 스티븐 오스틴 대령은 사고로 왼쪽 눈을 잃고 줌-인Zoom-in이 가능한 바이오닉 눈을 장착한다. 그런데 10의 70제곱에 달하는 엄청난 증폭률을 자랑하던 소머즈의 바이오닉 귀와 달리 오스틴 대령 눈의 줌-인 배율은 꽤나 현실적이다. 불과 20.2배밖에 안 되니 말이다. 2015년 스위스 로잔 공대 EPFL의 광학 전문가인 에릭 트렘블라이Eric Tremblay 교수는 캘리포니아 주립대California State University 샌디에이고 캠퍼스의 조 포드Joe Ford 교수 등과 공동으로, 눈에 착용하면 약 2.8배 확대가 가능한 망원 콘택트렌즈를 개발했다고 발표했다. 두께가 1.5mm 정도에 불과한 이 렌즈를 착용하면 윙크 한 번에 멀리 떨어진 물체를 당겨서 보는 것이 가능하다. 이

렌즈를 사용하기 위해서는 일단 특수 안경을 함께 착용해야 한다. 안경테에는 윙크를 일반 눈 깜빡임과 구별하기 위한 센서를 장착하는데, 이 센서가 윙크를 포착하면 안경이 빛을 굴절시켜 콘택트렌즈의 가장자리에 도달하도록 한다. 렌즈의 가장자리에는 알루미늄으로 만든 작은 거울이 4개 있어 빛이 이 거울에 부딪히며 진행하면 사물의 크기가 커져 보이는 원리다. 빛이 거울에 반사되면서 빛의 진행 경로가 길어지기 때문에 마치 앞뒤가 긴 망원경을 압축시켜서 눈 가장자리에 붙여놓은 것과 같은 효과를 얻을 수 있다. 구글이 2013년 발표한 구글 글라스도 비슷한 원리를 사용하는데, 실제로 구글 글라스를 통해 보이는 영상은 5m 정도 떨어져 있는 것처럼 느껴진다. 구글 글라스도 망원 콘택트렌즈와 마찬가지로 여러 개의 거울을 써서 빛이 지나가는 경로를 늘려줌으로써 영상을 멀어 보이게 만든다. 불과 두께 1.5mm 정도의 콘택트렌즈로 약 2.8배 확대가 가능하니 안구 전체를 교체한 오스틴 대령이 20.2배 확대된 영상을 보는 것은 전혀 불가능하지 않은 일이다.

문제는 이 영상을 우리 뇌로 전달하기가 아주 어렵다는 데 있다. 드라마에서는 영상 정보가 대뇌의 일차시각피질Primary Visual Cortex[50]로 직접 전달되는 것으로 설정했다. 인간 뇌의 시각피질은 시각위상Visuotopy 이라는 특성이 있어 우리가 시야에서 보는 화소Pixel 하나하나가 시각피질의 신경세포 하나하나에 일대일 대응된다.[51] 따라서 이론적으로는 시각피질에 있는 신경세포 하나하나의 활동을 읽어낼 수 있으면 우리가 보고 있는 것을 영상으로 만들 수 있고, 반대로 각 신경세포에

전류를 흘려서 자극하면 어떤 영상을 보게 하는 것도 가능하다. 마치 영화 「매트릭스」에서처럼 말이다. 하지만 현재 기술로는 시각피질을 완전히 덮어서 개별 신경세포를 자극하는 장치를 만드는 것은 시기상조다. 보다 현실적인 방법은 뇌가 아니라 눈의 망막 부위를 자극하는 것이다. 여기에 대해서는 좀 더 뒤에서 다시 다루도록 하자.

필자가 고등학교 2학년 때, 재미난 농담을 많이 하는 것으로 유명한 국사 선생님이 계셨다. 수업을 듣고 나면 배운 내용보다 선생님의 농담이 더 기억에 남는 신기한 경험을 하곤 했다. 하루는 선생님이 자신이 어렸을 적에 높은 나무에서 떨어져서 눈알 한쪽이 빠진 적이 있다는 이야기를 했다. 선생님이 너무나 진지한 표정으로 "빠진 눈알을 물로 잘 씻어서 다시 눈에 집어넣었다"는 얘기를 해서 다들 자신의 일인 양 얼굴을 찌푸렸던 기억이 난다. 순진한 필자는 이후 7~8

년 동안은 정말 '눈알이 튀어나오면 일단 씻어서 눈에 집어넣으면 되는구나'라고 생각하고 살았다. 그 선생님의 이야기가 농담이라는 것을 알게 된 것은 막 전문의 시험을 마치고 인턴으로 있던 고등학교 동창을 만나 그 시절 이야기를 나누면서였다. 눈 뒤쪽에는 시신경이 연결돼 있기 때문에 만화영화에서처럼 눈알이 눈 밖으로 튀어나가기 쉽지 않으며 설령 충격을 받아서 그런 일이 벌어진다 하더라도 실명하는 경우가 대부분이라고 한다. 특히 자신의 눈에 스스로 눈알을 넣는 것은 한마디로 '말도 안 되는 소리'라는 것이 그 친구의 설명이었다. 사실 그 친구도 국사 선생님 이야기의 진실이 너무나 궁금한 나머지 부끄러움을 무릅쓰고 따로 안과 교수님을 찾아가서 여쭤보기까지 했다고 한다. 국사 선생님의 이야기는 '하나도 안 웃긴 농담'이었을 가능성이 아주 높지만, 전쟁이 빈번했던 과거 시대라면 얘기가 좀 달라진다. 특히 창, 칼, 활처럼 끝이 뾰족한 무기로 싸우던 시절에는 얼굴에서 상대적으로 약한 부위인 눈 부위를 다칠 위험이 매우 컸다. 투구를 쓰고 전투를 벌이던 기사들도 일단 시야를 확보해야 했기 때문에 눈 부위는 가리지 못하는 경우가 많았다. 눈은 일종의 유동체이므로 눈알이 파괴되면 그 자리에는 뼈로 둘러싸인 빈 공간만 남는다. 일단 심미적으로 좋지 않기 때문에 과거에는 만화에 등장하는 '애꾸눈 선장'이나 후삼국 시대의 궁예처럼 안대를 쓰곤 했다. 생각해보면 우리가 다른 사람을 만날 때 가장 먼저 쳐다보는 신체 부위는 보통 눈이다.

눈꺼풀 아래에 진짜 눈과 비슷하게 생긴 가짜 눈알을 최초로 집

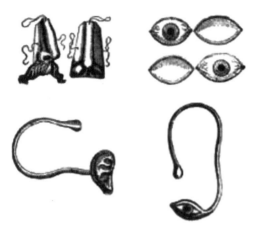

◈ (그림 30) 파레가 만든 인조 코와 귀, 눈. 오른쪽 위의 인조 눈이 눈꺼풀 아래에 넣는 형태이고 나머지는 모두 얼굴에 걸치거나 붙이는 형태다.
출처: The College of Optometrists

어넣은 사람은 다름 아닌 앙브루아즈 파레다. 지금까지의 글을 정독한 독자라면 알아챘겠지만 벌써 세 번째 등장이다. 그는 반구형의 세라믹(도자기)에 황금과 에나멜 페인트로 눈동자 모양을 그린 '인조 눈'을 만들어서 눈이 없는 환자의 눈 위치에 집어넣었다. 파레 이전에도 인조 눈은 있었지만 대부분 눈꺼풀에 안대처럼 덮어씌우고 그 위에 눈동자 모양을 그려 넣은 형태였다. 눈 모양의 특수 안대를 착용하면 24시간 눈을 뜨고 있는 것처럼 보이는 데다가 한쪽 눈만 깜빡이면 계속 윙크를 하는 듯한 모양새가 되니 차라리 눈 모양을 그려 넣지 않는 것이 나을지도 모른다. 그럼에도 불구하고 이런 형태의 안대는 아주 오래전부터 쓰였다. 2006년 말 이란과 이탈리아 고고학자가 공동으로 고대 페르시아 지역의 유물을 발굴하다가 키가 큰 여성의 유골을 하나 발견했다. 고고학자들은 유품을 통해 그녀가 미래를 예측하는 능력을 가진(가졌다고 사람들이 믿은) 예언자였다는 사실도 밝혀냈다. 그런데 특이하게도 그녀의 얼굴 부근에는 반구형으로 생긴 직경 3cm 크기의 작은 눈 모형이 놓여 있었다. 게다가 그 반구의 좌우에는 작은 구멍이 하나씩 뚫려 있었는데, 오랜 시간이 흐르면서 삭아 없어졌겠지만 구멍에 실을 연결해서 눈에 덮어썼을 것이라는 추정이 충분히 가능했다. 놀라운 사실은 유골과 주변 유물을 토대로 추정한 그녀의 사망 시기가 기원전 2900년에서 2800년 사이라는 것이다. 무려 5000여 년 전에 만들어진 인조 눈이라는 의미다. 발굴 초기에는 고고학자들도 이 여성 예언자가 살아생전에 인조 눈을 달고 다니지는 않았을 것이라고 생각했다. 왜냐하면 동료 고고학자들이 기원전 2000년 무렵에 묻힌 이집트 미라의 눈 주변에서 가짜 눈 모형을 몇 개 발견한 적이 있는데, 이들 모형은 하나같이 눈에 착용하기 불가능한 형태였기 때문이다. 고대 이집트에서는 눈을 잃은 사람이 내세에서는 잘 볼 수 있기를 기원하는 의미에서 미라에 가짜 눈을 붙였던 것으로 알려져 있다. 그런데 고고학자들이 여성 예언자 두개골의 눈 주변을 아주 세밀하게 관찰한 결과, 놀라운 사실을 알아냈다. 눈 모형을 살아생전에 수십 년간 착용하고 다녀야만 만들어질 수 있는 흔적이 두개골에 뚜렷하게 남아 있었던 것이다.

어쩌면 그녀는 황금색으로 칠해진 자신의 인조 눈을 통해 미래를 내다볼 수 있다고 허풍을 떨고 다녔을지도 모른다. 이 안대 모양의 인조 눈은 무려 5000여 년 전의 것이니 이집트 피라미드에서 발견된 오른발 엄지발가락 모형보다 2000여 년이나 앞서 제작된 셈인데, 이것을 '최초의 인공 보철'로 볼 수 있는지에 대해서는 의견이 분분하다. 인공 엄지발가락은 좀 더 잘 걷게 도와주는 역할을 했지만 인조 눈은 딱히 특별한 기능이 있었던 것은 아니기 때문이다. 그래서 필자는 이집트의 엄지발가락 모형을 최초의 인공 보철로 보는 의견에 강하게 찬성하는 입장이다.

눈에 생기는 질환은 아주 다양한데 그중에서 백내장은 눈 앞 부분의 수정체라는 일종의 '생체 렌즈'에 생기는 질환이다. 병세가 심해지면 수정체가 혼탁해져서 실명에까지 이를 수 있다. 백내장은 보통 수술로 치료하는데, 기존의 혼탁해진 수정체를 빼내서 플라스틱으로 만든 투명한 인공 수정체로 대체하는 방법이다. 수술 과정은 비교적 간단하다. 각막에 작은 구멍을 뚫은 다음 그곳에 초고주파 음파를 쏘아서 기존의 수정체를 완전히 파괴시키고, 파괴된 수정체는 진공청소기와 유사한 장치로 공기와 함께 빨아내서 밖으로 뽑아낸다. 그런 다음에 그 구멍을 통해 작은 플라스틱 렌즈를 압축해서 밀어 넣으면 수술이 끝난다. 우리가 먼 곳과 가까운 곳을 모두 잘 볼 수 있는 이유는 눈 속의 근육이 수정체와 붙어서 수정체의 형태를 볼록하게 혹은 납작하게 변화시키기 때문이다. 그런데 인공적으로 만든 렌즈는 아직 생체의 렌즈만큼 신축성이 뛰어나지 않다. 그래서 백내장 수술을 받은 사람 중에는 안경이나 콘택트렌즈를 끼고 생활하는 경우가 많다. 인공 수정체는 가짜 눈 모형과 달리 눈의 기능을 실제로 복원해주는 장치이기 때문에 충분히 인공 보철이라고 부를 만하다. 하지만 (우리

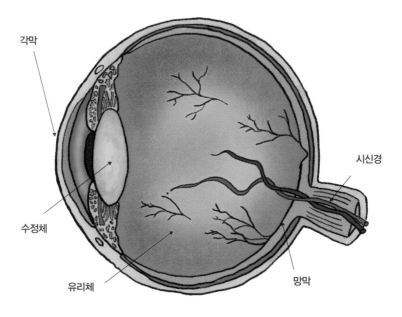

각막

시신경

수정체

유리체

망막

⊷ (그림 31) 눈의 구조

가 보통 상상하는) '인공 눈'이라는 이름으로 부르기에는 2% 부족한 것도 사실이다.

실명을 일으키는 불치의 안과 질환 중에는 망막색소변성증이나 황반변성과 같이 망막에 생기는 것이 있다. 인간의 망막에는 빛을 전기 신호로 바꿔서 대뇌 시각피질로 전달하는 역할을 하는 광수용체세포Photoreceptor Cell가 아주 조밀하게 자리 잡고 있는데, 이들 세포가 손상되면 빛이 망막에 들어와도 전기 신호 생성이 안 되기 때문에 뇌가 빛을 인지할 수 없다. 마치 와우에 있는 유모세포가 손상되면 음파의 진동을 전기 신호로 바꾸지 못해 소리를 듣지 못하게 되는 것과 같다. 이때 쓸 수 있는 가장 간단한 방법은 인공 와우와 비슷한 원리의 장치를 만드는 것이다. 인공 와우가 마이크를 이용해 측정한 소리를 분석해서 유모세포 위치에 전류를 흘려주는 것처럼 '인공 망막'은 카메라로 촬영한 영상을 분석해서 광수용체 세포 위치에 전류를 흘려준다. 이 전류는 광수용체 바로 아래에 위치한 시신경세포를 직접 자극해서 대뇌 시각피질로 정보를 전달한다(그림 32 참고). 이 기술의 성패는 영상을 얼마나 정밀하게 만들 수 있는가에 달렸다. 잘 아는 바와 같이 우리가 많이 쓰는 스마트폰의 카메라는 이미 1000만 화소를 넘어선 지 오래다. 1000만 화소란 사진을 구성하는 작은 점이 1000만 개 있다는 뜻이다. 그런데 2013년에 최초로 미국 식품의약품안전처[FDA]의 승인을 받은 인공 망막 시스템인 '아거스II[Argus-II]'는 총 60개의 전극을 부착했다.

따라서 아거스II 인공 망막을 이용해서 볼 수 있는 영상은 최대 60화소다. 얼핏 보면 크게 어렵지 않은 기술 같지만 이 시스템의 제작사인 세컨드 사이트 메디컬 프로덕츠[Second Sight Medical Products]는 이를 승인받기 위해 무려 20년 이상을 연구했다. 인공 망막 삽입 수술 후 2주 정도가 지나면 환자는 사람의 윤곽과 사물의 형체를 대략적으로 파악하는 것이 가능해진다. 아직 '시력'이라고 부를 정도의 수준은 아니지만 앞이 보이지 않는 시각 장애인이 맹인 인도견의 도움 없이 거리를 걸을 수 있다는 것은 엄청난 발전임에 틀림없다. 인공 망막 기술의 인체 적용 가능성이 증명된 이상 인공 망막의 해상도를 높이는 것은 이제 시간문제다. 세컨드 사이트 메디컬 프로덕츠는 현재 240개의 전극이 있는 시스템을 출시하려고 준비 중이고, 경쟁사인 독일의 레티나

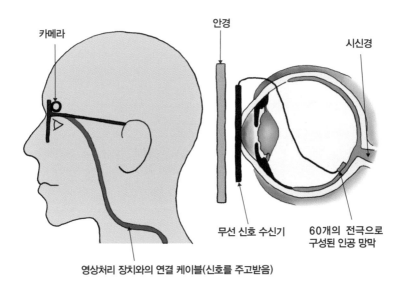

카메라

안경

시신경

무선 신호 수신기

60개의 전극으로
구성된 인공 망막

영상처리 장치와의 연결 케이블(신호를 주고받음)

→ (그림 32) 아거스II 시스템의 동작 원리

임플란트Retina Implant AG는 무려 1500개의 전극을 단 시스템에 대한 임상 실험을 하고 있다(화소의 수에 따라 영상이 다르게 보이는 정도는 그림 33을 보면 쉽게 이해할 수 있을 것이다).

인공 망막 이식이 성공적으로 이뤄지고 있지만 생체공학자들이 넘어야 할 난관이 아직 많다. 가장 큰 문제는 전류는 빛처럼 직진하는 것이 아니라 퍼져서 흐르고 다시 되돌아오는 특성이 있다는 점이다. 그림 33에서와 같은 영상을 만들려면 각 전극이 바로 아래에 있는 망막 시신경세포에만 전류를 전달해야 하는데, 실제로는 한 전극이 만드는 전류가 이웃한 시신경세포에도 영향을 준다. 그러면 영상이 깨끗하게 보이지 않고 마치 실눈을 떴을 때처럼 사물이 흐릿하게 번져

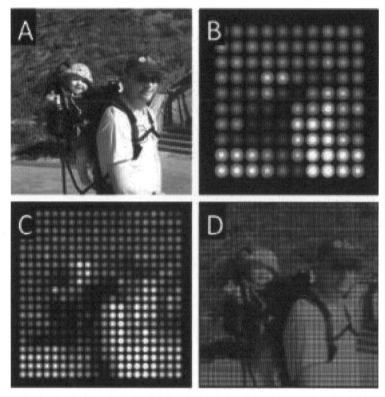

◈ (그림 33) 화소 수에 따라 보이는 영상의 차이. A는 원래 그림이고 B는 100화소, C는 400화소, D는 10000화소인 경우
출처: Vision Research 111 (2015) 115–123

보인다. 전극 수만 많다고 해서 사물이 더 잘 보이는 것은 아니라는 얘기다. 지난 수십 년간 생체공학자들이 부단히 노력했음에도 불구하고 이 문제에 대한 뚜렷한 해결책은 아직 없다.

그래서 완전히 다른 방식을 시도하려는 움직임도 있다. 최근 들어 '광유전학Optogenetics'이라는 새로운 기술이 등장했기 때문이다. 현대 신경과학에서 가장 주목하는 기술이라 이것이 무엇인지 간략하게 소개하고 넘어가야 할 것 같다. 광유전학은 역사가 불과 10년 정도밖에 되지 않은 최신 기술로 신경과학 분야에서 가장 '뜨거운 감자'로 떠오르고 있다. 광유전학은 바다 깊은 곳에 사는 해조류를 연구하던 과정에서 우연히 시작됐다. 해양생물학자들은 빛이 거의 들어오지 않는 심해의 해조류가 어떻게 광합성을 해서 살아가는지에 대한 비밀을 밝히기 위해 해조류를 구성하고 있는 물질을 조사했다. 그러던 중 깊은 바다에 사는 해조류는 얕은 바다의 해조류에는 없는 채널로돕신Channelrhodopsin이라는 특수한 단백질을 포함하고 있다는 사실을 알아냈다. 그리고 이 단백질이 가시광선보다 짧은 특정한 파장의 빛을 받으면 세포막의 채널을 열어주는 기능을 한다는 사실도 알아냈다. 그런데 그냥 재미난 발견 정도로 생각하고 지나쳐버릴 수도 있는 한 편의 과학 잡지 기사를 다소 독특한 시각으로 바라본 사람이 있었다. 그는 2002년 당시 36세의 젊은 신경과학자였던 영국 옥스퍼드 대학Oxford University의 게로 미센뵈크Gero Miesenböck 교수였다. 그는 '이 단백질(채널로돕신)의 유전자를 동물의 신경세포에 주입한 다음에 이 단백질이 반응하는 빛을 쪼이면 어떤 일이 일어날까'라는 엉뚱한 생각을 했다. 모든 발견이 그렇듯이 이런 종류의 실험은 실제로 해보지 않고는 무슨 일이 일어날지 알 수 없다. 미센뵈크 교수는 자신의 대학원생 2명과 함께 즉시 실험에 착수했다. 그가 공개한 실험은 다소 엽기적이기까지 한데, 실제로 그는 TED[52] 강연에서 자신의 실험을 소개하면서 자신을 만화 「드래곤볼Dragon Ball」에서 여성 인조인간 17호, 18호를 만드는 미치광이 과학자[53]에 비유하기도 했다. 그의 실험은 초파리를 이용한 것이었는데, 필자도 미센뵈크 교수의 강연을 통해 알게 된 사실이지만, 초파리는 뇌를 제거하고도 만 하루 동안 살 수 있다. 미센뵈크 교수는 초파리의 뇌를 제거한 뒤 날개를 움직이는 신경세포에 채널로돕신 단백질을 발현시키고, 이 단백질이 반응하는 파장의 빛을 쪼였다. 그랬더니 놀랍게도 뇌가 제거된 초파리가 날아다니기 시작했다. 실험은 거기서 끝나지 않았다. 이번에는 초파리의 앞다리를 움직이는 신경세포에 채널로돕신을 발현시키고 빛을 쪼였더니 초파리는 마치 살아 있는 것처럼 앞다리를 비벼대기 시작했다!

미센뵈크 교수가 발견한 광유전 현상은 빛에 반응하는 단백질을 신경세포에 발현시킨 뒤에 빛을 쪼이면 신경세포의 특정한 채널이 열려서 세포막을 통한 이온의 이동이 생기고 그에 따라 신경세포가 활성화되는 현상이다. 이 기술 이전에는 전류를 흘려서 직접 자극해야만 신경세포를 활동시킬 수 있었다. 그런데 전류는 퍼져 흐르므로 여러 신경세포를 동시에 자극하지만, 빛은 직진성을 갖기 때문에 아주 좁은 영역의 신경세포만 선택적으로 자극하는 것이 가능해졌다. 이뿐만 아니다. 신경세포에 발현시키는 단백질의 종류에 따라서 신경세포를 활성화할 수도 있고 활성을 억제하는 것도 가능하게 됐다. 신경과학자들은 미센뵈크 교수의 연구 결과가 발표되자 누가 먼저라 할 것 없이 일제히 환호성을 질렀다. 이 기술은 특정 신경세포의 역할을 연구하거나 뇌의 여러 영역 사이의 연결성을 조사하는 것과 같은 기초연구뿐만 아니라 뇌의 깊은 곳을 자극해서 뇌의 활동을 조절하는 뇌공학Brain Engineering[54] 연구에도 적용되고 있다. 그의 발견은 스탠퍼드 대학Stanford University의 칼 다이서로스Karl Deisseroth 교수 등의 연구를 통해 더욱 세련돼졌고 이제는 신경과학에서 없어서는 안 될 방법이 됐다. 미센뵈크 교수는 이 발견 하나로 36세에 일약 신경과학계의 슈퍼스타로 떠올랐다. 이제 연구자들은 미센뵈크 교수의 노벨 생리의학상 수상을 누구도 의심하지 않는다. 다만 그 시기만이 문제일 뿐이다.[55]

광유전학 기술을 인공 망막에 적용하는 것은 아직 동물 실험에서나 가능성을 확인하는 수준이다. 하지만 이 기술이 성공한다면, 기존에 전극을 망막에 직접 부착하는 방식을 완전히 대체하게 될지도 모른다. 원리는 매우 간단하다. 망막 시신경세포에 채널로돕신을 골고루 발현시킨 뒤 특정한 망막 위치에만 빛을 쪼여주면 된다. 뇌에서는 시신경세포가 빛을 받으면 흰색, 그렇지 않은 경우는 검은색으로 분별하기 때문에 눈앞에 보이는 장면을 마치 흑백 영화처럼 인식하는 것이 가능하다. 2011년 5월 미국 남캘리포니아대USC 앨런 호사저Alan Horsager 교수 연구팀은 광유전학 기술을 이용해 눈이 먼 생쥐의 시력을 기초적인 수준까지 회복시키는 데 성공했다고 발표했다. 광유전학을 이용하는 인공 망막은 망막에 직접 전극을 이식해야 하는 현재의 방식과 달리 내부 배터리는 물론 외과 수술도 필요치 않다는 장점이 있다.

물론 아직 해결해야 할 문제도 있다. 신경세포에 단백질을 발현시키기 위해서는 '바이러스 운반체(벡터)'라는 것을 사용한다. 바이러스는 보통 질병을 유발하는 '나쁜 존재'로 여기지만 유전공학 기술로 바이러스를 오히려 인간에게 이롭게 활용할 수도 있다. 바이러스는 세포를 감염시키기 위해 그 속으로 들어가 자신의 유전자를 밀어

넣는다. 그런데 최신 유전공학 기술을 이용하면 바이러스로부터 질병을 유발하는 유전자를 없애고 세포에 자신의 유전자를 밀어 넣는 기능을 하는 유전자만 남길 수 있다. 그런 다음 이 유전자에 채널로돕신의 유전자를 연결하면 바이러스가 신경세포 내부에 채널로돕신 유전자를 대신 밀어 넣게 할 수 있다. 그런데 이 방법은 아직까지 사람을 대상으로 테스트한 적이 단 한 번도 없다. 생쥐를 대상으로 했을때는 아무런 부작용도 보고되지 않았지만 사람의 경우 어떤 예측하지 못한 부작용이 생길지 아무도 모른다. 우리는 이미 동물 실험 결과를 100% 신뢰해서는 안 된다는 교훈을 '탈리도마이드의 비극'으로부터 얻었다. 이때는 팔다리가 없는 장애아가 태어나는 것에 그쳤지만, 인체에 바이러스를 주입하는 것은 사람의 면역 체계를 건드려서 자칫하면 생명을 위태롭게 할 수도 있기 때문이다. 이뿐만 아니라 시신경세포를 자극하기 위한 빛은 파장이 짧고 에너지가 강하므로 오랜 기간 사용할 경우 시신경세포 자체가 손상될 가능성도 있다. 『MIT 테크놀로지 리뷰』라는 잡지에 따르면 이르면 2017년 텍사스 주에 있는 한 여성 환자를 대상으로 최초의 광유전학 인공 망막 시술을 시도할 예정이라고 한다. 개인적인 의견으로는 다소 빠르지 않나 걱정도 되지만, 부디 시술이 성공해서 시각 장애인들에게 새로운 희망이 될 수 있기를 기대한다.

첨단 기술 분야일수록 경쟁이 치열하고, 그런 만큼 그 분야에서 연구하는 사람들은 '007 시리즈' 첩보 영화에서처럼 긴장된 하루하루를 보내게 마련이다. 자신들의 연구 내용이 외부로 노출되지 않도록 보안을 유지하는 것은 기본 중 기본이다. 그런데 요즘 전통적인 방식의 인공 망막 연구자들은 자신들이 수십 년간 연구한 결과가 하루 아침에 쓸모없는 것이 돼버릴지도 모른다는 생각에 잠을 잘 이루지 못하고 있다. 20년 넘게 연구한 결실로 2013년에야 드디어 인체 이식 허가를 받았는데, 새로운 방식의 도전이 만만치 않아서 '5년 천하'가 될 위기에 처했기 때문이다. 내부 배터리가 따로 필요 없는 광유전학 인공 망막은 물론이고, 일본 오카야마 대학 연구팀이 개발하고 있는 OURePOkayama University Retinal Prosthesis라고 부르는 새로운 방식의 인공 망막의 도전도 아주 위협적이다. 오카야마 대학 연구팀의 접근 방식은 기존과는 아주 다르다. 얇은 폴리에틸렌 필름에 특수 색소를 입힌 것을 망막 바로 아래 층에 끼워 넣기만 하면 된다. 이 색소는 빛에 반응하는 특수 재질로 구성돼 빛이 쪼이면 바로 아래에 위치한 시신경을 직접 자극할 수 있다. 배터리도, 외부 광원도, 심지어는 카메라도 필요 없다. 아직은 생쥐를 이용해서 가능성을 시험하는 수준이지만 성공만 한다면 다른 어떤 방식도 도전할 수 없을 만큼 강력한 방법이다.

청각과 시각 없이 평생을 살아야 했던 헬렌 켈러Helen Keller는 8세까지의 자신의 삶을 "존재하지 않는 세계에서 사는 유령"이라고 묘사했다. 그녀는 단 3일만이라도 눈을 뜨고 세상을 바라볼 수 있기를 간절히 소망했다고 한다. 바이오닉스 기술의 발전에 힘입어 가까운 미래에는 적막의 세계에 갇혀 지내는 가여운 영혼이 사라질 것이라 믿어 의심치 않는다. 그런데 안타까운 현실은 지금까지 소개한 여러 기술이 주로 미국이나 일본, 그리고 영국, 독일과 같은 선진국에서만 주도적으로 개발되고 있다는 것이다. 최근 들어 국내에서도 생체공학에 대한 관심이 높아지고 있기는 하지만 수십 년의 기술 격차를 줄이는 일이 쉽지만은 않다. 많은 연구자가 말하는 우리나라의 성공 솔루션은 단 하나다. 바로 '사람'이다. 더 우수한 인력이 생체공학을 연구하고, 더 많은 사람이 관심을 갖고 투자해야 한다. 생체공학 선진국인 영국의 과학 박물관은 전시물의 수준과 내용이 우리와는 너무나 다르다. 영국 과학 박물관에는 수천만 원을 호가하는 호주 코클리어 회사의 인공 와우와 인공 망막인 아거스II가 전시돼 있다. 그것도 아주 상세한 설명과 함께 말이다. 반면 우리나라 과학 박물관에는 주로 대학 입시에 나올 법한 체험 도구와 전시물이 대부분을 차지하고 있다. 필자는 이 차이가 과학 공부를 고등학교 때까지만 하는 나라와 고등학교 졸업 후에도 하는 나라의 차이라고 생각한다. 그리고 필자의 경험에 따르면 고등학교 때부터 첨단 생체공학 기술을 접한 학생은 생체공학이 무엇인지를 잘 모르고 학과를 선택한 학생보다 더 열정적으로 공부한다. 이것이 필자가 이 책을 쓰는 이유이기도 하다. 이 책을 읽고 있는 중·고등학생이 있다면 여러분이 바로 우리나라 생체공학의 미래이자 희망이라는 말을 하고 싶다.

내 머릿속의 매트릭스
바이오닉 뇌

2015년 이탈리아의 세르조 카나베로Sergio Canavero라는 신경외과 의사가 사람의 머리를 이식하는 수술을 하겠다고 선언했다. 필자도 처음 신문 기사를 접했을 때는 이 의사가 사람들의 관심에 목마른 흔한 허세꾼이 아닐까 생각했다. 하지만 호기심에 그와 관련된 상세한 자료를 찾아본 결과, 그가 아주 구체적이고도 진지하게 계획을 추진하고 있다는 사실을 알게 됐다. 그는 이미 머리 이식의 공여자와 수여자를 섭외해놓은 것은 물론이고 수술에 참여할 세계 각국의 전문가, 수술 장소와 관련 비용까지 완벽하게 준비해두었다. 필자는 호기심이 더욱 발동해 뇌과학 분야 국내 최고의 석학 중 한 명으로 꼽히는 교수님께 실제로 이런 수술이 가능한지 여쭤보기도 했다. 그런데 교수님으로부터 돌아온 대답은 놀라웠다. "인간의 척수에 있는 신경섬유 다발은 신경의 종착지가 어디냐에 따라 조금씩 다른 색깔을 띠고 있기 때문에 접합하는 것이 가능하다. 다만 1초 이내의 아주 짧은 시간에 모든 신경과 혈관을 접합해야 하므로 일반적인 수술 방법으로는 불가능할 것이다"라는 것이었다. 카나베로 교수 연구팀은 '빠른 접합' 문제를 해결하기 위해서 저온 상태에서 수술을 진행하기로 했다. 포유류는 체온을 12~15℃로 냉각시키면 최대 1시간 정도는 피의 흐름 없이도 생존이 가능하기 때문이다. 실제로 1971년에는 미국 케이스 웨스턴 리저브 대학 로버트 화이트Robert White 교수가 살아 있는 원숭이 머리를 1시간 이내에 이식해서 8일간이나 생존시키는 데 성공하기도 했다. 그는 머리 이식의 선구자로 불렸지만 남은 일생 동안 동물 보호론자들의 끊임없는 살해 협박에 시달렸다고 한다.

인간 머리 이식 수술의 성공 가능성을 더욱 높여주는 것은 지난 50년간 빠르게 발전한 신경 접합 기술이다. 최근 들어 독일 연구팀과 우리나라 건국대학교 연구팀에서 각각 폴리에틸렌 글리콜Polyethylene Glycol: PEG이라는 접합제를 사용해서 사지 마비 쥐의 척수 신경을 접합하는 데 성공했다. 실제로 카나베로 교수의 다국적 수술팀에 우리나라 건국대학교 연구팀도 포함돼 있는 것으로 알려졌다. 물론 카나베로 교수의 수술은 성공 가능 여부를 떠나 윤리적인 이슈에서 결코 자유로울 수 없다. 인터넷을 검색해보면 머리나 뇌를 이식하는 것을 다른 용어로 '전신 이식Whole-Body Transplant'이라고 부르는 것을 흔히 볼 수 있다. 인간의 뇌는 무게가 불과 1.4kg밖에 안 되는 하나의 신체 장기에 불과하지만, 다른 장기와 달리 뇌는 곧 '그 사람 자체'를 의미하기 때문이다.

설령 인간의 '생물학적인 뇌'를 이식하는 것이 가능하다손 치더라도 인간 뇌의 일부 또는 전부를 인위적으로 만든 '바이오닉 뇌'로 대체하는 것은 현재 과학 기술로는 불가능하다. 우리가 뇌에 대해 알고 있는 것은 실제의 10%에도 미치지 못한다는 것이 많은 뇌과학자의 공통된 의견이다. 사실은 이 '10%'라는 수치도 인간의 오만함에서 비롯된 것인지 모른다. 뇌의 비밀이 어디까지인지는 그 누구도 모르기 때문이다. 그럼에도 불구하고 생체공학자들은 뇌에 기계 장치를 이식하려는 노력을 계속하고 있다. 뇌에 이식한 최초의 의료 기기는 뇌심부자극 장치^{Deep Brain Stimulator: DBS}다. 이름에서 짐작할 수 있듯이 뇌심부자극 장치는 긴 바늘 모양의 전극을 뇌 깊은 곳에 찔러 넣은 다음에 뇌에 약한 전류를 흘려주는 것으로 1987년에 처음으로 소개됐다. 이후 파킨슨병, 본태성진전(수전증), 근긴장이상증, 만성 통증, 틱장애, 강박장애, 우울증 등 많은 뇌 질환의 증상을 완화하는 것으로 밝혀졌다. 뇌심부자극 장치는 1997년에 미국 식품의약품안전처의 사용 승인을 받았는데, 사람들에게 이식하기 시작한 지 20년이 지난 지금까지도 이 장치가 어떻게 뇌 질환을 조절하는지에 대해서는 밝혀진 것이 없다. 무려 10만 명이 넘는 사람들이 원리도 모르는 장치를 뇌에 집어넣고 살아가는 것이다.

전기를 이용해서 생체의 기능을 조절하려는 시도는 전기의 발견과 그 역사를 같이한다. 흔히 '전지'라고 부르는 전기 배터리도 실은

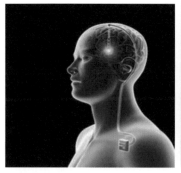
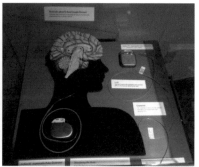

➥ (그림 34) 뇌심부자극 장치를 삽입한 모습(왼쪽), 메드트로닉의 뇌심부자극 장치(오른쪽)
　　출처: BBC 뉴스, 바켄 박물관

루이지 갈바니[Luigi Galvani]가 실시한 '죽은 개구리 다리' 실험의 원리를 탐구하는 과정에서 만들어진 부산물이다. 1780년 이탈리아 과학원 소속 생물학자 갈바니는 조수와 함께 죽은 개구리 다리를 비벼서 정전기를 만드는 실험을 하다가 우연히 금속 메스를 개구리의 다리에 가져다 댔다. 그러자 놀랍게도 죽은 개구리의 다리가 '허공으로 발길질'을 했다. 갈바니는 여러 번의 시행착오 끝에 구리와 아연 막대를 개구리 다리의 위아래에 각각 붙인 다음, 두 막대를 연결하면 다리가 움직인다는 사실을 알아냈다. 갈바니는 이 발견을 발표하면서 "생체 내에 있던 전류가 금속을 통해 흐르면서 다리가 움직인 것"이라고 주장했다. 많은 이가 이 주장을 의심 없이 받아들였지만, 갈바니의 주장에 반대하는 한 사람이 있었다. 그는 이탈리아 파비아 대학[University of Pavia]에 갓 부임해 온 35세의 젊은 교수인 알레산드로 볼타[Alessandro Volta]였다. 볼타는 개구리 몸속에 있던 전류가 흐른 것이 아니라 개구리의 다리를 문지르면서 생긴 정전기가 다리를 움직이게 했다고 주장했다.[56] 이때부터 갈바니가 사망할 때까지 20여 년간 두 사람 사이에 격렬한 논쟁이 이어졌다. 생체 안에 원래부터 잠자고 있던 전류가 아니라 몸 밖에서 만들어진 전류 때문에 다리가 움직였다는 주장을 증명하기 위해서 볼타는 몸 밖에서 전류를 만들어낼 방법이 필요했다. 그래서 개발한 것이 바로 그 유명한 볼타의 전지다. 그는 일정한 전류를 계속해서 흘려줄 수 있는 전지를 발명한 다음 곧바로 그 전지를 죽은 개구리의 다리에 연결했다. 그리고는 허공으로 '거침없이 하이킥'을 날리는 개구리 다리를 관찰하고 환호성을 질렀다. 그때가 1799년, 볼타가 갈바니의 논문을 처음 접한 지 햇수로 20년이 되는 해였다. 볼타는 결국 갈바니와의 긴 싸움에서 승리했지만, 안타깝게도 갈바니는 그 결과를 확인할 수 없었다. 볼타의 실험이 있기 불과 1년 전인 1798년에 유명을 달리했기 때문이다. 이렇듯 과학의 발전은 항상 이론과 이론이 부딪치는 건전한 토론을 통해 이뤄진다. '소통'은 학문의 발전을 위해 필수적인 요소다.

현대에 들어 과학 기술의 발전이 과거 어느 때보다도 빨라진 것은 정보통신 기술의 발전과 무관하지 않다. 필자는 1976년생으로 소위 'X세대'에 속하는데 우리 세대는 아날로그에서 디지털로 변화하는 과정을 모든 분야에서 경험한 세대이기도 하다. 필자가 처음 대학원에 진학했을 당시만 하더라도 연구 방법의 많은 부분이 아날로그 방식이었다. 대부분의 논문이 디지털화가 되지 않았기 때문에 필요한 것이 있으면 교내 도서관에 가서 학술지를 찾은 다음에 복사기로 복사해서 읽어야 했다. 도서관에서 찾을 수 없는 논문은 따로 신청하면

2주 뒤에 복사본을 우편으로 받아볼 수 있었다. 지금은 대부분의 논문을 온라인에서 찾아 바로 파일로 다운로드하기 때문에 정보 검색에 들이는 시간이 비교도 안 될 정도로 줄어들었다. 논문 심사 과정은 더욱 획기적으로 변했다. 과거에는 대부분의 학술지에서 우편으로 논문을 접수받았다. 학술지는 이 논문을 다시 심사위원들에게 우편으로 보내고, 심사위원은 논문에 대한 자신의 의견을 다시 우편으로 학술지에 보냈다. 그러면 학술지는 심사 결과를 종합해서 논문 제출자에게 우편으로 통보하고, 논문 제출자는 심사위원의 의견에 대해 반박을 하거나 심사위원의 제안에 따라 논문을 수정해서 다시 학술지에 우편으로 발송했다. 논문을 출판한 뒤에도 책자가 도서관에 비치돼서 연구자들이 논문을 읽어보기까지는 다시 몇 달이 소요됐다. 이것이 불과 십수 년 전까지의 논문 출판 방식이었다. 지금은 이 모든 과정이 웹사이트상에서 이뤄진다. 논문 제출자는 심사위원의 의견을 웹사이트에서 확인하고 즉각적으로 답변할 수 있다. 많은 학술지가 논문이 게재 승인을 받으면 일주일 이내에 온라인상에 업로드한다. 연구 결과의 발표와 검색이 빨라지면서 연구에 집중할 수 있는 시간이 늘어나고 연구자 간의 소통은 더욱 쉬워졌다.

200여 년 전 볼타와 갈바니가 서로 상대방의 주장을 비판하며 날선 논쟁을 벌인 무대는 다름 아닌 학술 잡지였다. 두 사람 모두 이탈리아에 거주했기 때문에 만나서 논쟁을 벌이거나 편지로 교신하는 것도 가능했지만 동료 연구자들에게 논쟁의 과정을 공개하기 위해 채택한 방법이었다. 현대에는 인터넷 공간이나 이메일을 학술 토론을 위해 쓸 수 있다. 필자는 연구 분야와 관련된 몇 개의 이메일 메일링 리스트Mailing List[57]에 가입했는데, 15년 전쯤에 이메일을 통해 대가들이 학술 논쟁을 치열하게 벌이는 것을 지켜본 적이 있다. 논쟁의 주제는 '뇌파 신호원 영상법'이라는 수학적 기술이었는데, 당시 가장 많이 사용되던 로레타LORETA라는 방법을 만든 로베르토 파스쿠알-마르퀴Roberto Pascual-Marqui 박사와 라우라LAURA라는 방법을 만든 그레이브 드 페랄타Grave de Peralta 박사가 서로 자신의 방법이 뛰어나다며 2달여 동안 인터넷상에서 격렬한 논쟁을 벌였다. 필자가 가입한 메일링 리스트는 '생체전자기학'을 주제로 한 것이었는데, 지정된 이메일로 메일을 보내면 메일링 리스트에 가입한 모든 회원에게 메일이 발송되는 형태였다. 당시 생체전자기학을 연구하는 거의 모든 연구자는 이 메일링 리스트에 가입해 있었다. 먼저 시비를 건 쪽은 드 페랄타 박사였다. 어느 날 파스쿠알-마르퀴 박사가 자신의 로레타 프로그램 업데이트 뉴스를 메일링 리스트를 통해 알렸는데, 그 메일에 대한 회신으로 드 페랄타 박사가 라우라가 로레타보다 더 낫다는 내용의 메일을 보냈다. 파스쿠알-마르퀴 박사의 회신이 온 것은 그 메일이 전달된 뒤 불과 5시간 남짓 지났던 때로 기억한다. 필자가 느끼기에는 당시 그가 다소 격앙됐던 거 같다. 그는 드 페랄타 박사가 제기한 문제점들에 대해서 조목조목 반박하면서 라우라 방법의 문제점을 다시 지적했다. 이런 식으로 2개월여 동안 거의 매일 2~3통의 메일이 오고 갔고 나중에는 메일을 지켜보고 있던 다른 연구자들까지도 논쟁에 합류해서 하루에 10통 넘는 메일이 오고 간 날도 있었다. 주제도 처음에는 각 방법의 우수성에 관한 내용에서 출발해 나중에는 분야 전체의 미래와 전망에 대해서까지 폭넓게 번져 나갔다. 그 과정에 필자와 같은 후학들은 논문이나 책에서는 결코 얻을 수 없는 귀중한 정보와 지식을 쌓았다. 2개월여 동안 필자는 아침마다 조간신문을 보는 기분으로 메일함을 열어보곤 했는데, 어느 순간엔가 거짓말처럼 메일이 끊어져서 아쉽기까지 했다. 몇 달 뒤 개최된 국제생체전자기학회의 가장 큰 관심사는 당연히 파스쿠알-마르퀴 박사와 드 페랄타 박사의 만남이었다. 필자도 학회에 참석해서 두 사람을 찾았는데, 아니나 다를까 그들이 학회장 구석의 테이블에 나란히 앉아 A4 용지를 흩트려 놓고는 수학식을 어지럽게 써 내려가고 있는 모습을 볼 수 있었다. 그때 두 사람의 표정은 무척이나 행복해 보였다.

갈바니는 자신의 '생체 전기' 이론이 옳다는 것을 죽을 때까지도 굳게 믿었는데, 심지어는 그의 외조카인 조반니 알디니Giovanni Aldini에게 볼타와 끝까지 대항해서 자신의 이론을 지켜줄 것을 유언으로 부탁하기도 했다. 하지만 아이러니하게도 알디니는 볼타가 전지를 만들어내자 이 전지를 가장 잘 활용한 사람으로 역사에 남았다. 갈바니가 사망하던 해인 1798년에 볼로냐 대학University of Bologna 교수로 임용된 그는 볼타의 기술을 이용해서 갈바니의 전기 자극 실험을 계승했다. 알디니의 가장 유명한 실험은 1803년 영국 런던에서 공개적으로 행한 '죽은 사람 되살리기'다. 이 실험은 '과학이라는 미명하에 행한 10대 엽기적인 실험' 중 하나로 채택되기도 했다. 실험의 대상은 영국 런던에서 부인과 아이를 물에 빠뜨려 죽인 혐의로 교수형에 처해진 조지 포스터^{George Foster}라는 죄수였다. 「뉴게이트 캘린더」라는 지역 신문에는 당시의 실험 장면이 아주 상세하게 묘사돼 있다.

"시신의 얼굴에 전기 자극을 가했더니 죽은 죄수의 턱이 가볍게 떨리기 시작했다. 그리고는 주변 근육이 끔찍하게 일그러졌다. 그리고 한쪽 눈이 실제로 떠졌다. 이어진 자극에서는 오른손이 올라가면서 주먹이 꽉 쥐어졌고, 다리와 허벅지가 움직이기 시작했다."

이 자리에 참석했던 사람들이 경악을 금치 못했음은 물론이다. 사실 따져보면 이 실험은 죽은 개구리 다리에 전기 자극을 가하는 것과 전혀 다를 바 없었다. 죽은 사람의 신체나 죽은 개구리의 몸이나 다를 이유가 없기 때문이다. 그럼에도 불구하고 많은 사람들은 결국에는 이 기술을 통해 죽은 이를 다시 살리는 것이 가능하리라고 믿었다. 이 믿음은 15년이 지난 뒤 영국의 소설가 메리 셸리^{Mary Shelley}가 쓴 SF 소설 『프랑켄슈타인』의 모태가 되기도 했다.[58] 알디니는 이후에도 볼타의 전지를 이용해서 다양한 신체 부위에 전기 자극을 가하는 실험을 했다.[59] 그중 눈길을 끄는 실험은 심한 우울증을 앓던 루이지 란자리니^{Luigi Lanzardi}라는 27세 청년 농부에게 행한 것이다. 알디니는 볼타의 전지를 란자리니의 두정엽 부위에 가져다 대서 전류가 뇌를 통과해서 흐르도록 했는데, 이를 통해 성공적으로 우울증을 치료했다고 발표했다. 이 실험은 최초의 전기 뇌 자극 실험으로 역사에 기록됐는데, 더욱 놀라운 사실은 200년도 더 된 이 장치가 현대에 사용하는 경두개직류자극^{transcranial Direct Current Stimulation: tDCS[60]} 장치와 완벽하게 같은 원리와 구조를 갖고 있다는 점이다. 실제로 경두개직류자극 장치는 현

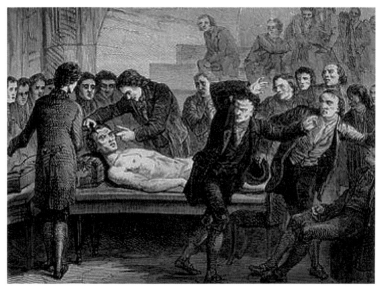

(그림 35) 죄수의 시신을 대상으로 한 알디니의 공개 실험 장면(위쪽)과 알디니의 우울증 치료 장면 그림(아래쪽)
출처: Before It's News, 바켄 박물관

대 정신과에서 우울증 치료를 위해 널리 사용되고 있다.

알디니의 경두개직류자극에서 시작된 전기 뇌 자극이 뇌심부자극 기술까지 발전하는 과정에는 많은 새로운 시도가 있었다. 그런데 대부분은 과학적인 기반을 갖고 행한 것이 아니라 '그냥 해본' 것이었다. 예를 들면, 신경과나 정신과에서 사용하는 전기충격 요법 Electroconvulsive Therapy이 대표적이다. 이 방법은 1930년대에 처음 시도됐는데, 어떤 치료 방법으로도 효과가 없는 심한 우울증 환자나 근긴장증 환자에게 머리 외부에서 강력한 전류를 순간적으로 흘려주는 방법이다. 처음에는 '강력한 전류를 뇌로 흘려주면 혹시 오작동하는 신경세포가 리셋이 되지 않을까?'라는 호기심에서 시도했다고 한다. 컴퓨터나 전기 장치가 먹통이 되면 우선 껐다 켜보는 것과 마찬가지인 셈이다. 전기충격 요법은 일부 환자의 기억이 부분적으로 소실되는 부작용도 있지만 50% 이상의 환자에게서 획기적인 효과를 보인다. 뇌심부자극 기술도 처음에는 각성 상태에서 뇌 수술을 하며[61] 시험 삼아 뇌의 여러 부위에 약한 전류를 흘리면서 환자의 상태 변화를 살피던 과정에서 만들어졌다. 특정한 뇌 부위에 전류를 흘려줄 때, 수전증 환자의 손 떨림이 멈추거나 우울증 환자의 얼굴에 미소가 번지는 등의 놀라운 변화가 관찰됐기 때문이다.

뇌심부자극 장치를 삽입하기 위해서는 가늘고 긴 바늘 모양의 전극을 뇌의 깊은 곳에 찔러 넣는 수술을 해야 한다. 바늘이 깊은 곳으로 들어가면서 그 경로에 있는 뇌 조직이 파괴되기 때문에 최소한의 조직만 손상되도록 환자의 뇌 영상을 면밀히 분석해서 전극 삽입 위치와 방향을 결정한다. 특히 대뇌피질의 언어 영역이나 운동 영역은 손상되면 언어나 운동 기능에 장애가 생길 가능성이 있어 가장 우선적으로 피해야 하는 부분이다. 우리 뇌는 신경가소성을 지녀 1.5mm 정도 굵기의 바늘이 뇌를 뚫고 지나가더라도 (언어나 운동 영역만 건드리

(그림 36) 1970년대 전기충격 요법에 사용하던
전극(위쪽), 1940년대의 전기충격 기기(아래쪽)
출처: 바켄 박물관, 런던 과학 박물관

지 않는다면) 살아가는 데 큰 지장이 없다. 앞서 소개한 뇌의 90%가 뇌 척수액에 침식됐던 프랑스 남성의 사례를 떠올린다면 쉽게 납득이 갈 것이다. 두피와 뇌 사이에는 딱딱한 두개골이 가로막고 있으므로 우선 드릴을 이용해서 두개골에 약 1.5cm 지름의 구멍을 뚫고 그곳으로 전극을 찔러 넣는다. 필자가 강연에서 이 부분을 설명할 무렵이면 청중의 절반 정도가 미간을 심하게 찌푸리는 모습을 볼 수 있는데, 그때마다 "두개골은 단지 뇌 보호용 덮개일 뿐입니다"라는 말로 청중을 안심시킨다. 두개골은 운동에 쓰는 뼈가 아니기 때문에 구멍을 낸 다음에 그냥 플라스틱 뚜껑을 덮어서 고정만 해둬도 아무 문제가 없다. 다만 이 뚜껑 때문에 두피가 약간 불룩해질 수 있는데, 대머리만 아니라면 머리카락이 이 부분을 덮어주므로 밖에서 볼 때는 전혀 알아챌 수 없다.『프랑켄슈타인』의 괴물처럼 머리에 흉터가 있고 목 뒤에 큰 볼트가 튀어나와 있는 흉측한 모습은 200여 년 전 상상의 산물일 뿐이다.

뇌심부자극 장치의 가장 중요한 이슈는 '배터리'다. 얼마 전 국내한 대기업이 스마트폰 배터리 폭발 때문에 큰 홍역을 겪었는데, 이는 작고 가벼우면서도 용량이 큰 배터리를 만들려는 노력의 부작용이라 할 수 있다. 뇌심부자극 장치도 인체에 삽입하는 것이므로 배터리가 작고 가벼우면서 오래 쓸 수 있어야 한다. 현재는 배터리를 보통 어깨 바로 아래에 삽입하는데 충전식이 아닌 경우 3~4년에 한 번씩, 충전식이라면 5년마다 교체해야 한다. 그래서 최근에는 인체에서 직접 에너지를 얻으려는 시도도 있다. 인체에서 쓰지 않고 버려지는 에너지를 이용해서 전기를 얻으면 수술로 배터리를 교체할 필요 없이 반영구적으로 쓸 수 있을 것이기 때문이다. 이 분야에서 가장 앞선 연구자는 미국 MIT의 라훌 사페시카[Rahul Sarpeshkar] 교수다. 사페시카 교수는 인체의 주요 에너지원인 글루코오스Glucose를 이용해서 전기 에너지를 만들어내는 연료 전지를 개발하고 있다. 그의 연료 전지는 쉽게 휘어지는 얇은 막 형태라 두개골과 뇌 사이에 집어넣을 수 있다. 인간의 두개골과 뇌 사이에는 뇌척수액Cerebrospinal Fluid: CSF이라는 액체가 가득 들어차 있는데, 이 안에 있는 글루코오스는 대부분 인체로 재흡수되지 않고 몸 밖으로 배출된다. 현재는 연료 전지의 효율이 높지 않기 때문에 두개골의 안쪽 면 전체에 연료 전지 막을 붙여야만 뇌 자극에 필요한 정도의 에너지를 얻을 수 있다. 하지만 점점 연료 전지의 효율이 높아지고 있으므로 가까운 미래에는 별도의 배터리 없이도 반영구적으로 사용이 가능한 뇌심부자극 장치를 보게 될 것이다.

글루코오스 생체 전지보다 좀 더 빨리 실용화할 수 있을 것으로 예상되는 생체 에너지 수집[62] 방법은 인체의 운동 에너지를 활용하는 것이다. 우리가 운동할 때 움직이는 근육에 작은 나노발전기를 부착하면 된다. 가장 최신 기술의 나노발전기는 중국 베이징에 있는 중국과학학술원Chinese Academy of Sciences의 종린 왕Zhong Lin Wang 박사 연구팀이 개발한 것이다. 왕 박사는 근육이 움직일 때마다 두 금속 판이 붙었다 떨어졌다를 반복하는 나노발전기를 만들었는데, 두 금속이 붙을 때 발생하는 정전기를 뽑아내면 배터리를 충전할 수 있다. 왕 박사가 개발한 이 발전기는 일정 시간이 지나서 효용성이 없어지면 수술해 밖으로 빼내지 않아도 몸속에서 저절로 '스르르' 녹아 없어지는 기능도 갖추었다. 최근 생체 내에 전자 장치를 이식하는 분야에서 중국이 세계적인 수준으로 도약하고 있다.

기존의 뇌심부자극 장치는 자극 전류를 흘리려면 환자가 직접 스위치를 켜야 했다. 불편하기도 하고 불필요하게 전류를 오래 흘리면 전력 소비도 많았다. 그래서 최근에는 환자의 뇌 상태를 읽어서 자극 전류를 자동으로 흘려주는 기술도 개발되고 있다. 뇌의 상태를 읽어 내는 방법에는 여러 가지가 있는데, 뇌에서 발생하는 전기 신호인 뇌파나 뇌 활동의 부산물인 신경전달물질을 이용할 수 있다. 뇌파 신호는 보통 뇌전증Epilepsy[63] 환자가 발작을 일으키기 전에 이를 예측하기 위해서 쓴다. 그런데 뇌파 신호로부터 발작을 예측하기란 그리 쉬운 일은 아니다. 지난 수십 년간 많은 뇌공학자들이 이 문제에 도전장을 던졌음에도 아직 그 정확도가 높지는 않다. 복잡한 뇌파 신호에서 아주 미세한 변화를 잡아내야 하기 때문이다. 기상이 변덕스러운 여름날에 날씨를 정확하게 예보하는 것만큼 어렵다고 보면 된다. 최근 들어 뇌공학자들은 카오스 이론Chaos Theory을 뇌전증 뇌파 분석에 도입하고 있다. 복잡하고 불규칙해 보이는 현상에서 규칙성을 발견하고자 하는 이 이론은 복잡한 뇌파로부터 특징을 찾아내는 연구에 매우 적합한 것으로 밝혀지고 있다. 뇌전증 환자가 발작을 일으키기 전에는 뇌파의 카오스적인 특징에 갑작스러운 변화가 감지되는데 이때 뇌 활동을 억제하는 전기 자극을 가하면 발작이 일어나지 않게 할 수 있다. 미국 뉴로페이스Neuropace사는 뇌파 측정과 자극이 동시에 가능한 이식형 뇌 전기 자극 장치를 개발해서 2014년부터 뇌전증 환자에게 이식하고 있다.

한편 신경전달물질인 도파민Dopamine이나 세로토닌Serotonin을 측정

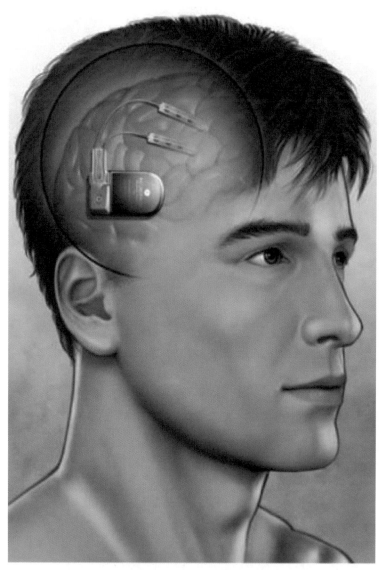

➤ (그림 37) 뉴로페이스사의 폐루프 신경조절 장치. 뇌파 측정과 자극이 동시에 가능한 이식형 뇌 전기 자극 장치다.

출처: http://www.neuromodulation.com/fact_sheet_epilepsy

해서 뇌 상태를 살펴볼 수도 있다. 만약 이런 물질의 변화를 실시간으로 측정하게 된다면 우울증이나 파킨슨병에서 자극이 필요한 시점을 자동으로 결정하는 것도 가능하다.[64] 신경전달물질을 측정하기 위해서는 주기적 전압측정법Cyclic Voltammetry을 주로 사용한다. 이 방법은 전류가 변할 때 전극 주위의 전기화학적인 반응에 따라 전압이 미세하게 변하는 현상을 측정하는 것이다. 그런데 이 방법의 가장 큰 문제점은 전류를 흘릴 때 사용하는 전극[65]이 생체 내의 화학 반응 때문에 며칠 내 삭아버린다는 데 있다. 그래서 미국 메이요 클리닉Mayo Clinic에서는 부식이 잘 되지 않는 다이아몬드를 이용해서 전극을 만드는 연구를 진행하고 있다(물론 인조 다이아몬드다). 이처럼 뇌 상태를 실시간으로 알아내서 적절한 전기 자극을 주는 기술을 폐루프 신경조절Closed-Loop Neuromodulation이라고 한다.

2014년 개봉한 SF 영화 「트랜센던스Transcendence」에는 주인공인 윌 박사가 자신의 뇌를 다운로드해서 슈퍼컴퓨터에 업로드하는 장면이 등장한다. 영화 속 설정이 아주 먼 미래의 이야기라고 생각할지 모르겠지만, 놀랍게도 '트랜센던스' 프로젝트는 세계의 여러 대학과 연구소에서 실제로 진행하고 있는 연구 주제다. 특히 주목할 만한 연구는 뇌의 일부를 마이크로칩으로 대체하려는 시도다. 여러 뇌 부위 중에서 뇌공학자들이 가장 먼저 주목한 부위는 '해마'다. 해마는 뇌의 깊은 곳에 위치한 작은 기관으로, 바다 깊은 곳에 살고 있는 해마Sea Horse와 모양이 비슷하다고 해서 이런 이름이 붙었다. 해마는 여러 기능이 있지만, 그중에서도 단기 기억Short-Term Memory을 장기 기억Long-Term Memory

으로 바꿔주는 기능이 가장 중요하다. 해마가 손상되면 영화 「메멘토 Memento」(2000년)의 주인공처럼 기억을 장시간 지속할 수 없게 된다. 알츠하이머 치매에 걸려도 해마가 위축되므로 몇 시간 전에 있었던 일조차 잘 기억하지 못하는 경우가 많다. 그런데 뇌공학자들이 해마에 집중한 까닭이 단지 중요한 뇌 부위이기 때문만은 아니다. 사실 해마는 다른 뇌 부위에 비해서 상대적으로 구조가 단순해 비교적 쉽게 이를 모방한 전자회로를 설계할 수 있다는 이유가 더 크다.[66] 2012년 미국 남캘리포니아 대학의 시어도어 버거Theodore Berger 교수와 미국 웨이크 포레스트 대학Wake Forest University의 샘 데드와일러Sam Deadwyler 교수 연구팀은 '해마 칩Hippocampus Chip'이라고 이름 지은 소형 마이크로칩을 쥐의 손상된 해마 부위에 이식했다. 해마의 구조를 똑같이 모방한 해마 칩을 손상된 부위의 앞부분과 뒷부분의 신경세포와 연결해 해마의 손상된 부위를 우회하는 새로운 연결 통로를 만든 것이다. 해마 칩의 전원이 켜지자 해마 칩 앞부분의 신경세포가 만드는 신경 신호는 쥐의 해마를 모방한 마이크로 프로세서를 거친 다음 뒷부분의 신경세포로 전달됐다. 실험 결과는 실로 놀라운 성공이었다. 해마가 손상돼서 장기 기억을 할 수 없었던 생쥐는 해마 칩을 이식한 이후에 장기 기억 능력을 일부 회복했다.

상상력을 좀 더 발휘해보자. 두 사람에게 해마 칩을 이식한 다음에 한 사람의 칩에서 측정되는 신호를 저장해서 다른 사람의 칩으로 전송한다면 어떤 일이 일어날까? 한 사람의 경험이나 지식이 다른 사람의 기억에 저장되는 것이 가능하지 않을까? 실제로 버거 교수 연구

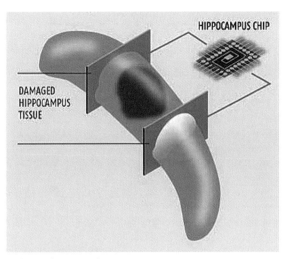

⋙ (그림 38) 해마 칩의 원리
출처: Wikipedia

팀은 2014년에 쥐를 대상으로 아주 흥미로운 실험을 했다. 우선 해마 칩을 이식한 쥐 한 마리를 여러 개의 레버가 있는, 사방이 막힌 방에 넣어두었다. 그리고는 레버 중 하나를 당기면 쥐가 좋아하는 달콤한 과일 시럽이 나오게 했다. 쉽게 예상할 수 있듯이, 쥐는 몇 번의 시행착오를 거친 다음에 시럽이 나오는 레버를 발견했고, 이후에는 단번에 그 레버를 당겨서 시럽을 먹을 수 있었다. 버거 교수 연구팀은 쥐가 시럽과 연결된 레버를 잡아당길 때 해마 칩에서 측정되는 신경 신호를 읽어내 그 방에 들어가 본 적이 없는 다른 쥐의 해마 칩으로 전송했다. 그러자 놀랍게도 그 방에 처음 들어간 쥐는 한 번의 시행착오도 없이 단번에 '그 레버'를 찾아 시럽을 받아 마셨다. 버거 교수는 이 실험 결과를 보고하면서 2017년까지 사람에게 해마 칩을 이식하겠다는 야심에 찬 계획을 발표했다. 하지만 이 계획은 다소 연기될 수밖에 없는데, 인체 대상 실험에 들어가기 바로 전 단계로 실시한 유인원 대상 실험에서는 긍정적인 결과를 얻지 못했기 때문이다. 유인원의 뇌는 쥐보다 수십 배나 더 복잡하고, 인간의 뇌는 그런 유인원보다도 훨씬 더 복잡하기 때문에 앞으로의 연구도 그리 쉬워 보이지는 않는다. 그럼에도 버거 교수는 이르면 2020년대 초반까지 사람의 뇌에 이식 가능한 해마 칩을 만들 수 있을 것으로 자신하고 있다. 그의 시도가 성공해서 알츠하이머 치매로 괴로움을 겪는 많은 이에게 희망이 되기를 기대한다.

현재는 해마 칩에서 측정한 신호를 우리가 이해할 수 있는 형태로 변환하는 것은 불가능하다. 만약 해마 칩을 이식한 사람의 뇌에서 측정되는 신호를 완벽하게 해독하게 된다면 그 사람의 기억을 컴퓨터에 저장하는 것은 물론이고, 반대로 우리가 어떤 경험이나 지식을 해마 칩을 통해 그 사람에게 주입하는 것도 가능할 것이다. 영화 「매트릭스The Matrix」(1999년)에서 주인공 네오에게 순식간에 쿵후 기술을 주입해서 고수로 만들었던 것처럼 말이다. 물론 아직은 해마 칩에서 측정되는 신경 신호를 읽어내서 해독하는 것이 불가능하다. 하지만 오늘날의 바이오닉 기술도 모두 판타지에서 시작됐다는 사실을 떠올린다면 50년, 아니 30년 뒤에는 인터넷상의 정보를 머릿속에 다운로드하는 것이 당연해질지도 모른다. 그렇게 된다면 더 이상 수학 공식이나 역사적 사건을 외울 필요가 없어질 것이고, 순식간에 외국어를 익힐 수도 있을 것이다. 1980년대 초 최초의 인공 심장을 사람에게 이식하기 직전에 환자의 아내가 의사에게 이렇게 물었다고 한다. "남편의 심장이 기계로 바뀐 뒤에도 그가 여전히 나를 사랑할까요?" 알다시피 그녀의 걱정은 이제 더 이상 문제가 되지 않는다.

인공 보철과
인공 장기의 미래

로보캅이나 600만불의 사나이와 같은 바이오닉 맨을 만들기 위한 노력은 지금도 계속되고 있다. 생체공학자들은 쉴 새 없이 호르몬이나 산성 액체를 분비해야 하는 내분비계나 위장과 같은 일부 장기를 제외하고는 인공 장기가 기존 장기를 언젠가 모두 대체할 수 있을 것이라고 믿는다. 이 책에서는 모든 인공 장기를 소개하지는 않았다. 아직은 인공 장기라는 이름으로 부르기에 다소 부족한 경우가 많기 때문이다. 신장을 대신하는 혈액투석기나 피에 산소를 공급하는 외부 장치인 체외막산소화장치ECMO도 아직은 커다란 기계가 몸 밖에 있기 때문에 인공 장기라 하기 어렵다. 이들 '몸 밖의 인공 장기'도 발전을 거듭해서 다음 책에서는 소개할 수 있게 되기를 기대한다. 이제는 앞서 알아본 인공 보철이나 인공 장기와 관련한 최신의 연구를 몇 가지 소개하고자 한다.

바이오닉 팔은 「스타워즈」의 루크 스카이워커가 장착했던 로봇 팔에 가까운 모습으로 진화를 거듭하고 있다. 그런데 손은 멀쩡하지만 손과 뇌를 잇는 신경이 손상돼서 손을 움직일 수 없는 사람은 어떻게 해야 할까? 뇌공학자들은 이런 환자를 위해서 뇌에서 측정한 신호를 해독해서 인공 손을 조작할 수 있게 하는 기술을 개발하고 있다. 비록 뇌와 손을 연결하는 신경은 끊어졌지만 뇌에서는 여전히 손을 움직이는 신호를 만들어낼 수 있기 때문에 가능한 일이다. 2004년 미국 브라운 대학Brown University의 존 도노휴John Donoghue 교수 연구팀은 매튜 네이글Matthew Nagle이라는 이름의 사지 마비 환자의 대뇌 운동 영역에 96개의 작은 바늘 모양 전극이 달린 마이크로칩을 이식하는 데 성공했다. 미국 유타 대학University of Utah에서 만들었다고 해서 '유타 어레이Utah Array'라고 부르는 이 전극은 두피에 부착한 커넥터를 통해 머리 밖에 있는 컴퓨터와 연결됐고, 네이글은 생각만으로 모니터 위의 마우스 커서를 자유롭게 움직일 수 있었다. 네이글의 머리에 이식한 '브레인게이트BrainGate'라는 이름의 이 전자 장치는 8년이 지난 뒤인 2012년에 '브레인게이트2'라는 새로운 이름으로 캐시 허친슨Cathy Hutchinson이라는 여성 사지 마비 환자의 대뇌 운동 영역에 이식됐다. 수술을 마친 허친슨 부인은 마우스 커서를 움직이는 대신, 5가지의 서로 다른 움직임이 가능한 로봇 팔을 생각만으로 제어하는 임무에 도전했다. 몇 주간의 훈련 끝에 그녀는 생각만으로 로봇 팔을 움직여서 자신이 좋아하는 커피 한 잔을 스스로 마시는 데 성공했다. 이처럼 뇌에서 발생하는 신호를 측정하고 해독해서 기기를 제어하는 기술을 뇌-기계 접속^{Brain-Machine Interface: BMI} 또는 뇌-컴퓨터 접속^{Brain-Computer Interface: BCI}이라고 한다. 도노휴 교수 연구팀이 성공적인 뇌-기계 접속 기술을 선보이자 많은 뇌공학자들이 용기를 갖고 새롭게 이 분야에 뛰어들었다. 도노휴 교수 연구팀이 로봇 팔을 움직이는 데 성공한 2012년에는 미국 피츠버그 대학의 앤드루 슈워츠^{Andrew Schwartz} 교수 연구팀도 생각만으로 로봇 팔을 제어하는 데 성공했다. 슈워츠 교수 연구팀은 2개의 마이크로칩을 대뇌 운동 영역에 이식한 다음에 도노휴 교수 연구팀보다 2가지 더 많은 총 7가지의 움직임이 가능한 로봇 팔을 자연스럽게 조작하는 데 성공했다. 그로부터 3년이 지난 2015년 칼텍^{Caltech}의 리처드 앤더센^{Richard Andersen} 교수 연구팀은 인간이 운동할 때 운동피질뿐만 아니라 운동전영역^{Premotor Area}, 운동보조영역^{Supplementary Motor Area}, 후두정엽피질^{Posterior Parietal Cortex}과 같은 다양한 뇌 영역을 함께 활용한다는 사실을 주목했다. 그는 환자의 운동 영역이 아닌 후두정엽피질 영역에 전극을 삽입해서 로봇 팔을 제어하는 데 성공했다. 앤더센 교수 방식의 장점은 운동피질은 운동에만 관여하는 데 반해 후두정엽피질은 운동 이외의 다른 행위나 생각에도 관여하므로 복합적인 기능의 뇌-기계 접속 시스템 구현이 가능하다는 것이다.

앤더센 교수의 로봇 팔 제어 연구가 세계적 과학 잡지 『사이언스^{Science}』에 발표되면서 도노휴 교수와 슈워츠 교수의 양자 구도였던 뇌-기계 접속 분야가 춘추전국시대에 접어들었다. 2차원 평면에서

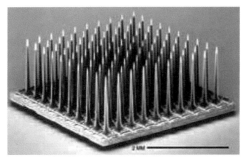

→ (그림 39) 매슈 네이글의 뇌에 이식한 브레인게이트의 미소전극배열 칩(유타 어레이)
출처: http://www.medscape.com/viewarticle/542359

마우스 커서를 움직이던 것에서 3차원 공간에서 로봇 팔을 움직이게
된 것은 분명 대단한 도약임에 틀림없다. 그런데 춘추전국시대는 1년
도 채 지나지 않아 싱겁게 끝나버렸다. 재야에 숨어 있던 '무명의 고
수'가 갑자기 등장해서는 기존의 연구들을 초라해 보이게 만들었기
때문이다. 그 주인공은 바로 뉴욕 주에 있는 파인스타인 의학연구소
Feinstein Institute for Medical Research의 채드 보턴Chad Bouton 박사였다. 그는 오하이오
주 더블린 출신인 이안 버크하트Ian Burkhart라는 젊은이의 대뇌 운동 영
역에 마이크로칩을 이식했다. 버크하트는 19세 때 해변가에서 다이빙
을 하다가 목이 부러지는 사고를 당하는 바람에 어깨 아랫부분을 전
혀 움직일 수 없는 상태였다. 사고로 뇌에서 팔다리로 가는 신경 대부
분이 끊어져버렸기 때문이다. 보턴 박사 연구팀은 버크하트가 어깨를
약간 움직일 수 있다는 점에 착안했다. 도노휴, 슈워츠, 앤더센 교수처
럼 로봇 팔을 사용하는 대신에 온전하게 남아 있는 버크하트의 오른
팔을 이용하기로 한 것이다. 버크하트가 어깨를 약간 움직일 수 있으

므로 손의 움직임만 복원한다면 오른팔을 다시 사용할 수 있으리라는 생각이었다. 보턴 박사는 버크하트가 손을 움직이는 상상을 할 때 기능적 자기공명영상Functional Magnetic Resonance Imaging: Fmri[67]을 촬영해서 손의 움직임과 관련된 뇌의 영역을 정확하게 찾아냈다. 버크하트의 대뇌 '손 운동' 피질에 이식한 최신 버전의 유타 어레이는 그가 손을 움직이는 상상을 할 때 발생하는 신경 신호를 받아서 컴퓨터로 전송했다. 컴퓨터는 기계학습Machine Learning[68] 기술을 이용해서 신호의 패턴을 분석한 다음에 버크하트의 손목 주위에 팔찌처럼 부착한 130개의 전기 자극용 전극으로 다시 명령을 전달했다. 이 전극에 전류가 흐르면 근육이 수축되거나 이완돼서 손가락이나 손목을 펴고 접고 돌리는 것이 가능했다. 버크하트는 컵을 잡고, 신용카드를 리더기에 긁기도 하고, 심지어는 '기타 히어로Guitar Hero[69]'를 자유자재로 연주하기도 했다. 200여 년 전 알디니의 전기 자극 기술과 현대의 뇌-기계 접속 기술을 결합해 만들어낸 작은 기적이었다.

보턴 박사는 무명의 연구자였다가 갑자기 등장해서는 뇌-기계 접속 분야에 신선한 충격을 던져주었다. 하지만 그의 연구를 사지 마비 환자의 일상에 적용하기까지는 아직 넘어야 할 난관이 많다. 우선 버크하트가 자신의 '되찾은 손'을 이용하려면 매번 오하이오 주립대학 연구실을 방문해야 한다. 그곳에서 그의 정수리 부근에 위치한 커넥터에 케이블을 연결하고 그 케이블을 다시 컴퓨터 시스템에 연결해야 한다. 그리고 컴퓨터와 연결한 전기 자극 장치를 버크하트의 오른팔 손목에 단단하게 부착해야 한다. 게다가 전기 자극용 전극의 위치

⇢ (그림 40) 마비된 버크하트가 생각만으로 자신의 마비된 팔을 움직이는 모습
출처: Bouton 등, Nature, 2016

가 매번 조금씩 달라질 수 있기 때문에 사용하기 전에 간단한 테스트와 함께 영(0)점 조정 과정을 거쳐야만 한다. 물론 이 모든 과정은 누군가가 옆에서 도와줘야지만 가능하다. 가장 먼저 해결해야 할 문제는 전기 자극용 전극을 매번 뗐다 붙여야 하는 번거로움이다. 대안으로는 전극을 피부 바로 아래에 집어넣거나 바늘 형태의 전극을 찔러 넣는 방법이 있다. 신경이 끊어지면 감각을 전혀 느끼지 못하니 수술 때 마취를 할 필요도 없고 수술 후에도 통증이 없을 것이다. 하지만 면역 거부 반응이나 감염의 위험성은 앞으로 풀어내야 할 숙제다. 두 번째로 해결해야 할 문제는 전기 자극을 위한 전원 공급이다. 약한 전류를 흘려주는 뇌심부자극 장치나 심장 페이스메이커와 달리 버크하트에게 이식한 전기 자극 장치는 손이나 팔의 근육을 움직여야 하기 때문에 상당한 크기의 전류를 흘려야만 한다. 따라서 교류 전원 단

자에 자극 장치의 전원 케이블을 연결하거나 충전이 가능한 대형 배터리를 장착해야만 한다. 현재로서는 휠체어나 침대에 배터리를 부착하는 것이 유일한 방법이다. 마지막으로 지저분한 케이블을 없애는 문제까지 해결한다면 버크하트는 집에서도 자유롭게 자신의 오른손을 쓰게 될 것이다.

다시 미드「600만불의 사나이」의 오프닝 장면으로 돌아가 보자. 드라마에서는 오스틴 대령의 눈으로 들어오는 정보를 대뇌 일차시각 피질로 직접 전달하는 설정이 등장한다. 앞서 설명한 대로 눈으로 보는 각각의 화소가 시각피질의 개별 신경세포로 전달되므로 시각피질에 촘촘하게 바늘 전극을 꽂아서 신경세포를 자극하면 눈앞의 영상을 보게 하는 것이 '이론적으로'는 가능하다. 시각피질의 면적이 망막보다 훨씬 넓기 때문에 더 해상도가 높은 영상을 보는 것도 가능할 것이다. 문제는 인간의 일차시각피질이 뇌의 상당히 깊은 곳에 자리한다는 데 있다. 인간의 시각피질은 뒤통수 아래의 후두엽Occipital Lobe에 있는데, 후두엽 중에서도 좌반구와 우반구 사이의 안쪽 면 깊은 곳에 위치하기 때문에 바늘 형태의 전극을 삽입하는 수술이 매우 어렵다. 더구나 우리 시야의 가운데 부분은 뇌의 안쪽 면 중에서도 새발톱고랑Calcarine Fissure이라고 부르는 깊은 고랑 속에 있어서 전극을 꽂아 넣기 더욱 어렵다. 최근에 미국 노스웨스턴 대학Northwestern University의 존 로저스John Rogers 교수 연구팀과 미국 뉴욕 대학New York University의 죄르지 부자키György Buzsáki 교수 연구팀에서 각각 스타킹처럼 쉽게 늘어나고 자유롭게 휠 수 있는 얇은 전극 막을 만들어서 신경과학계를 흥분시켰다. 이 전

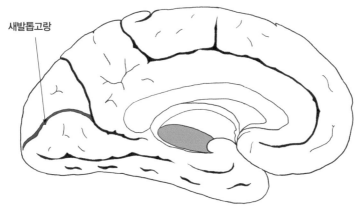

새발톱고랑

·▶ (그림 41) 좌반구의 안쪽 면에서 새발톱고랑의 위치

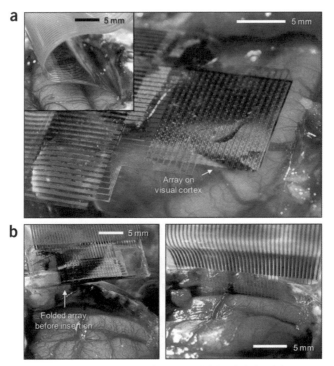

·▶ (그림 42) 존 로저스 교수 연구팀이 개발한 자유롭게 휘어지는 미세 전극 배열
   출처: Viventi 등, Nature Neuroscience, 2011

극을 이용하면 주름이 져 있는 뇌의 표면을 따라서 전극을 붙이고 자유롭게 전기 자극을 줄 수 있기 때문이다. 물론 아직까지는 이 전극을 사람에게 이식하기 어렵다. 자칫 잘못해 감염이 일어나면 뇌가 아이스크림처럼 녹아버릴 가능성도 있기 때문이다. 하지만 이제 연구를 갓 시작한 단계이기 때문에 앞으로가 더욱 기대되는 기술이다.

로저스 교수와 부자키 교수의 얇은 막 전극은 인공 눈뿐만 아니라 인공 귀에도 쓸 수 있다. 앞서 소개한 인공 와우는 와우 속에 유모세포가 없는 경우 직접 전류를 흘려서 청신경을 자극하는 대표적인 '인공 귀'다. 하지만 반대로 유모세포가 있더라도 청신경이 손상되면 인공 와우는 아무런 힘을 발휘할 수 없다. 신호를 대뇌의 청각피질로 전달할 방법이 없기 때문이다. 그런데 대뇌의 청각피질도 시각피질처럼 음위상Tonotopy이라는 성질을 지녀 서로 다른 주파수의 소리에 반응하는 신경세포가 각기 다르다. 만약 얇은 막 전극을 대뇌 청각피질에 부착하고, 마이크에서 얻은 소리 신호를 푸리에 변환을 이용해서 주파수별로 분리한 다음, 전극에 적절한 패턴의 전기 자극을 가하면 소리를 듣는 것이 가능할 것이다. 물론 뇌를 직접 자극해서 인공 시각과 인공 청각을 구현하기 위해서는 사람의 뇌를 손바닥 들여다보듯이 자세히 볼 수 있는 '초정밀 뇌지도'가 필요하다. 16세기 대항해 시대에 영토 확장을 위해서 정밀한 해상 지도가 필요했던 것처럼 말이다.

2013년 영국의 TV 프로그램 제작사인 DSP는 세계 18개 의료 기기 업체 및 대학 연구소와 함께 '렉스Rex'라는 이름의 바이오닉 맨을 만들었다. 뇌나 소화기관 등은 가지고 있지 않지만 현재까지 개발된

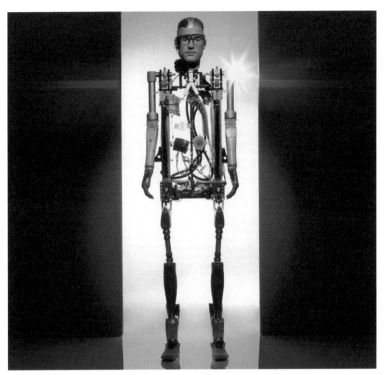

모든 종류의 인공 장기를 결합해서 600만불의 사나이나 로보캅을 현
실에서 구현하는 것이 가능할지를 시험해보는 이벤트성 프로젝트였
다. 렉스는 약 10억 원을 들여 제작했는데, 2m 키에 인공 팔과 인공
다리를 달고 외골격 로봇을 착용한 채 느리게 걸을 수 있었다. 눈에는
'아거스Ⅱ' 인공 망막을, 귀에는 코클리어사의 인공 와우를 설치했다.
그리고 심장 위치에는 신카디아 시스템스사의 심실보조장치를 장착
해 인공 피를 전신으로 보내고, 인공 췌장은 피 속의 당분 수치를 측

정해서 인슐린을 분비했다. 아직 완벽하지는 않지만 인공 폐와 인공 신장도 부착했다. 음성으로 간단한 대화를 나눌 수 있는 컴퓨터 프로그램도 내장했지만 지능은 전혀 없기 때문에 사실 '인조인간'이라고 하기에는 아직 부족함이 많다.

인조인간 렉스의 탄생이 전 세계 언론을 통해 타전되자, 또다시 '걱정 많은 사람들'의 걱정이 시작됐다. 인조인간의 개발이 터미네이터와 같은 파괴적인 로봇의 개발로 이어져서 "기계가 인류를 지배하는 세상이 오지 않을까" 하는 걱정의 목소리가 터져나왔다. 이 책을 읽는 독자들은 '렉스'가 여러 인공 보철과 인공 장기의 단순 조합에 불과하다는 사실을 알기에 이 같은 '쓸데없는' 걱정을 하지는 않으리라 믿는다. 물론 인공 보철 연구에서도 윤리적으로 생각해볼 문제는 있다. 일단 현재의 인공 보철은 너무 비싸다. 만약 부자만 이런 생명 연장 기계를 사용할 수 있다면, 또 다른 사회적 불평등 문제가 생겨날 수 있다. 인간의 수명이 늘어나는 것은 분명 모든 인간의 꿈이지만, '사람이 오래 산다면 그 많은 사람이 이 복잡한 지구에서 살아갈 공간이 있을까?' 하는 것도 호사가들의 또 다른 걱정거리다.[70]

chapter 3

생명 연장의
꿈

인간의 수명은
어디까지 연장될 수 있을까

인류의 역사는 각종 질병과의 싸움의 역사라고 해도 과언이 아니다. 14세기 전 유럽을 휩쓴 페스트부터 20세기 초에 (현재 우리나라 전체 인구수에 맞먹는) 무려 5000만여 명의 목숨을 앗아간 스페인 독감에 이르기까지 인류는 수많은 바이러스, 박테리아, 기생충과 맞섰고 그때마다 새롭게 개발한 항바이러스제와 항생제의 도움으로 '지구상 가장 강한 존재'라는 명맥을 이어올 수 있었다. 20세기 초까지 인간 수명 연장에 가장 크게 기여한 분야가 제약학이라는 사실에는 누구도 이견을 달기 어려울 것이다. 20세기 후반에 들어오면서 생체공학을 비롯한 의료 기술의 발전이 더해져 여러 난치성 질환을 조기에 진단하고 치료하는 일이 가능해졌고, 인간의 수명은 더욱 빠르게 늘어났다.

불과 50여 년 전만 하더라도 치료 방법이 없었던 많은 질환이 지속적인 관리를 통해 극복 가능해졌다. 필자는 안타깝게 요절한 것으로 알려진 1960년대 이전의 문화예술인들의 사인死因을 인터넷으로 검색해본 적이 있는데, 놀랍게도 지금은 만성 질환으로 여기는 고혈압이나 결핵 등이 대부분을 차지하고 있었다. 영화 「아리랑」으로 유명한 춘사 나운규 선생은 35세, '이별의 부산정거장'을 부른 가수 남인수 선생은 44세, 소설 『동백꽃』의 김유정 선생은 29세라는 꽃다운 나이에 폐결핵으로 사망했으며 어린이날을 만든 소파 방정환 선생은 33세에 고혈압으로 세상을 떴다. 직접적인 사인으로 집계되지는 않지만 심혈관계 질환을 일으키는 당뇨병이나 고지혈증으로 요절한 경우도 상당수 있었을 것으로 추정된다. 미국의 메드트로닉사가 2000년대 초에 조사한 결과에 따르면 이 회사가 최초로 발명하고 보급한 심장 페이스메이커와 인슐린 펌프Insulin Pump[71]로 인해 전 인류의 평균 수명이 무려 3년 정도 연장됐다고 한다. 어떤 이들은 사람들이 치아를 관리하기 시작하면서 노인이 돼서도 단백질을 비롯한 양질의 영양분을 충분히 섭취할 수 있게 된 점이 인간 수명 연장에 크게 기여했다는 주장을 하기도 한다. 하지만 인간 수명에 영향을 주는 요인은 워낙 다양하기 때문에 치의학 기술의 발전이 인간 수명 연장에 끼친 영향을 정확히 가늠하기는 어렵다.

그렇다면 첨단 의학과 생체공학의 발전은 인간의 수명을 어디까지 연장할 수 있을까? 많은 학자가 『기네스북』에 공식적으로 기록된 최장수 노인의 수명이 122세라는 점을 근거로, 인간 평균 수명의 한계는 100세 내외가 될 것으로 예측하고 있다. 통계에 따르면 질환으로 조기에 사망하는 사람의 수가 감소함에 따라 인간의 평균 수명은 증가하고 있지만 전체 인구 대비 100세 이상을 산 노인의 비율은 지난 100여 년간 크게 달라지지 않았다는 사실도 학자들의 주장을 뒷받침하는 중요한 근거 중 하나다. 평균 수명이 불과 20세 내외였던 고대 그리스 로마 시대에도 플라톤처럼 80세까지 산 사람이 있었듯이 인간의 자연 수명은 결정돼 있으며 다만 현대에 들어서 제 수명을 다하지 못하고 단명한 사람의 비율이 줄어들고 있다는 뜻이다.

천하를 통일한 중국 최초의 황제 진시황은 불로초를 구하기 위해 천하를 샅샅이 뒤진 것으로 유명하다. 진시황이 불로초로 알고 먹은 것 중에 수은이 있었고 수은 중독으로 단명했을지도 모른다는 설이 있는데 이는 늙지 않고 오래 사는 것에 대한 욕망이 시대를 초월하는 인류의 오랜 꿈이라는 사실을 단적으로 보여준다. 하지만 발달된 현대 의료 기술에도 불구하고 인간 노화의 시계를 거꾸로 돌리는, 꿈과 같은 기술을 개발해내지 못하는 이상 인간은 언젠가 맞이하게 될 죽음을 피할 수 없다. 의학자들은 영생의 비밀이 DNA 염색체 말단에 있는 텔로미어Telomere와 이를 보충하는 효소인 텔로머라제Telomerase에 있을 것이라고 믿지만 소위 '회춘' 기술을 개발하기까지는 아직 가야 할 길이 멀다. 텔로머라제가 항시 분비되므로 영생할 수도 있다는 바닷가재를 연구하기 시작한 것도 아주 최근의 일이다.

인간의 수명이 길어지다 보니 사람들의 관심은 단순히 오래 사는 것에서 '건강하게' 오래 사는 것으로 바뀌고 있다. 지난 수 세기 동안 의학과 생체공학 기술이 질병에 걸린 사람을 보다 잘 진단하고 치료하는 것에 초점을 맞추고 발전해왔다면 이제는 질병에 걸리기 전에 예방하고, 건강할 때 계속 그 상태를 유지하도록 도와주는 '건강 관리 (헬스케어)' 기술이 각광받을 차례다. 영화 「아이언맨」에 등장하는 개인용 인공지능 비서 '자비스'를 개발한다면 가장 먼저 갖춰야 할 기능이 바로 주인님의 건강 상태를 실시간으로 감시하는 것 아닐까. 이런 기능이 없다면 굳이 불편하게 인공지능 비서를 착용하고 다닐 사람이 많지는 않을 테니까 말이다.

그런데 사실 우리 주위에는 '일상 헬스케어'를 표방한 장치가 이미 수없이 개발돼 팔리고 있다. 작은 벤처기업부터 다국적 대기업에 이르기까지 해마다 수십 종씩 쏟아내는 웨어러블^{Wearable}(착용형) 헬스케어 기기가 그렇다. 그 형태도 손목시계나 팔찌부터 목걸이, 반지, 신발, 허리벨트, 머리띠에 이르기까지 너무나 다양해서 이루 다 열거하기 힘들 정도다. 일례로 최근에는 글로벌 대기업인 소니^{Sony}가 가발에 부착한 칩을 통해 이를 착용한 사람의 뇌파를 측정하는 기술에 대한 특허를 등록하기도 했다니 기업들이 이 분야에 거는 기대가 얼마나 큰지 쉽게 짐작할 수 있을 것이다.

웨어러블 헬스케어 기기가 측정하는 생체 데이터도 다양하다. 손목시계나 팔찌를 이용해 측정하는 심박수^{Heart Rate}나 헤드밴드를 착용하고 측정하는 뇌파는 기본이고, 아직 완전하지는 않지만 호흡수, 혈압, 혈당, 산소포화도와 같은 다양한 정보도 있다. 이 외에도 아직 시중에 선보이지 않은 헬스케어 장치 중에 아주 기발한 것도 많다. 일례로 카메라로 안색의 미세한 변화를 잡아내서 심박수나 호흡수를 재는 기술도 개발 중이다. 요즘 스마트폰 내장 카메라는 20년 전의 정밀 카메라 수준으로 해상도가 높아졌기 때문에 스마트폰을 이용해서도 이런 측정이 가능해졌다. 자세를 교정해주는 웨어러블 기기도 있다. 스마트폰이나 컴퓨터를 하면서 고개를 푹 숙인 자세가 지속되면 소위 '거북목 증후군'이라는 질환에 걸리기 쉽다. 앉거나 서 있을 때 머리가 거북이처럼 나와 있다고 해서 이렇게 부르는데 만성 피로나 두통, 어깨 통증 등을 동반하는 심각한 질환으로 일단 걸리면 고치기 쉽지 않다. 따라서 평상시에 목 관절에 무리가 가는 자세를 방지하는 것이 중요하다. 목걸이나 귀걸이 같은 형태의 웨어러블 기기를 착용하면 우리 몸의 자세가 흐트러질 때 경고음을 주는 방법으로 나쁜 자세를 예방할 수 있다. 밤에 잠을 얼마나 잘 잤는지를 기록해주는 헬스케어 기기도 있다. 뇌파를 측정할 수 있는 헤드밴드를 머리에 두르고 잠을 자면 밤새 얼마나 깊은 잠을 잤고 얼마나 자주 깼는지, 즉 수면의 질을 평가하는 것이 가능하다. 평소에 잠을 잘 못 자는 사람이라면 이 기계가 아주 유용할 수 있다. 우선, 스스로가 숙면에 영향을 주는 요인을 찾는 것이 가능해진다. 커피를 자주 마시는 사람이라면 커피를 하루 동안 마시지 않은 다음에 그날 얼마나 잠을 잘 잤는지를 다른 날과 비교해볼 수 있다. 밤에 한 잔씩 마시는 와인이라든가 식후 태우는 담배, 저녁에 하는 운동이 내 수면에 얼마나 영향을 주는지를 알아내면 생활 습관을 교정해서 질 높은 수면을 취하는 것이 가능하다.

그런데 주위를 둘러보면 이런 웨어러블 헬스케어 기기를 실생활에서 유용하게 활용하는 사람은 아직 찾아보기 힘들다. 전문가들과 언론들이 "건강 관리의 혁명이 시작됐고 의료 사상 가장 큰 변혁이 일어나고 있다"는 장밋빛 청사진을 앞다투어 내놓고 있지만, 현실은 헬스케어 스타트업 중 90% 이상이 창업한 지 3년 이내에 문을 닫고 있다. 과연 그 원인은 무엇일까? 일각에서는 아직 기술이 충분히 무르익지 않았기 때문이라고도 하고 킬러 애플리케이션[72]이 없기 때문이라고도 하는데 필자는 다소 색다른 시각을 갖고 있다. 웨어러블 헬스케어의 발전이 지지부진한 이유는 하드웨어나 소프트웨어 기술이 부족해서가 아니라 그냥 아직 적절한 시기가 도래하지 않았기 때문이고, 그 시기는 10여 년 이후가 될 것이라 생각하는데 그 근거는 다음과 같다.

보통 우리가 건강에 대해서 크게 관심을 가지고 건강 관리의 필요성을 절실하게 느끼기 시작하는 시점은 50대 전후다. 사회적으로 안정된 위치에 있으면서 노후를 본격적으로 준비하는 시기이기도 하고 30~40대 때 열심히 앞만 보고 달려오다 보니 건강을 잘 챙기지 못해 만성 질환 하나쯤 있지 않은 사람을 찾아보기 힘든 시기이기도 하다. 또 테니스나 축구 같은 과격한 운동보다는 골프나 등산과 같은 걷기 위주의 운동을 선호하는 때이기도 하다. 누가 보더라도 웨어러블 헬스케어 기기를 가장 유용하게 쓸 연령대다. 그런데 현재의 50대 이상 장년층은 디지털 세대라기보다는 아날로그 세대에 가깝다. 시대의 흐름에 발맞춰보려고 스마트 기기를 사용하기는 하나 새로운 기술이나 기능을 받아들이는 속도는 20대 젊은이에 비할 바가 아니다(물론 항상 예외는 있다). 최근 한 대기업에서 조사 발표한 보고서에 따르면, 60대 이상 노인층 중 다수가 스마트폰을 쓰지만 대부분 기초 사용법 실험을 통과하지 못했다고 한다. 실험에 참가한 노인 10명 중 8명은 벨 소리를 진동 모드나 무음으로 바꾸는 데 실패했고 10명 중 9명이 바탕화면에 있는 앱^{App}을 지우지 못했는데 그럼에도 불구하고 그들 대다수는 스마트폰을 쓸 줄 안다고 응답했다고 한다. 우리나라의 경우로만 한정해 보더라도 디지털 기기의 활용 능력 측면에서 가장 뚜렷하게 갈리는 연령대가 현재 40대 초·중반의 중년층이다. 그 이유는 시대적인 배경만 보더라도 쉽게 알아챌 수 있는데, 현재의 40대는 지난 20여 년 IT 붐이 일어나는 동안 새로운 첨단 기술의 주요 사용자층이었다. 현재의 50대는 대학 시절 수업이 끝나면 당구장과 만화방으로 향했지만 40대는 PC방으로 향했다. 이들은 소위 말하는 '스타크래프트 세대'로서 야구, 축구 중계 대신 컴퓨터 게임 중계를 TV로 보기 시작한 첫 세대이기도 하다. 그뿐만 아니다. 세계 최초의 사회관계망 서비스^{Social Network Service: SNS}인 '아이러브스쿨'과 '싸이월드'를 즐겼고, 음성통화 대신 메신저 서비스와 휴대전화 메시지를 선호하기 시작한 세대다. 이들은 항상 새로운 기술의 경계에 있었기 때문에 새로운 기술을 거부감 없이 쉽게 받아들인다. 필자는 현재의 40대가 50대가 돼 적극적인 건강 관리가 필요해지는 시기가 되면 자연스럽게 웨어러블 헬스케어가 꽃을 피울 것이라고 예상한다.

나보다 나를 더 잘 아는 기계
스마트폰으로 건강 관리

지금은 스마트폰에 그 기능이 들어와 있지만 과거에는 '만보계'라는 기계를 따로 판매한 적이 있다. 하루에 1만 걸음 이상 걷기를 목표로 아침에 일어나 영(0)점 조정을 하고 틈틈이 걸음 수를 체크하면 '많이 걸어야 한다'는 사실을 최소한 의식은 하게 된다. 집에 가는 길에 그날의 목표인 '1만 걸음'에 2000걸음을 채우지 못했다면 한 정거장 미리 내려서 걸어갈 수도 있다. 혹은 저녁에 집에 돌아와서 목표치인 1만 걸음을 채우지 못한 자신을 자책하고 반성하기도 한다. 이 만보계는 웨어러블 헬스케어의 조상님뻘이라고 할 수 있다. 대표적 성인병인 당뇨병 환자는 지속적으로 혈당 수치를 체크해야 하는데 휴대용 측정기를 이용해서 매일매일의 운동이나 섭취 음식에 따른 혈당의 변화를 체크하는 것도 (웨어러블은 아니지만) 셀프 헬스케어의 대표적인 사례다. 이처럼 언제 어디서나 건강 관리를 할 수 있게 도와주는 기술을 흔히 '유비쿼터스 헬스케어Ubiquitous Healthcare'라고 한다.[73]

불과 10여 년 전까지만 해도 소위 '잘나가는' 얼리 어답터Early Adopter[74]의 가방에는 TV 시청이 가능한 휴대전화와 MP3 플레이어, 휴대용 멀티미디어 플레이어Portable Multimedia Player: PMP[75] 그리고 전자사전, 공학용 계산기 등이 잔뜩 들어 있었다. 2007년 스티브 잡스가 한 일은 사실 간단하다. 이 모든 것을 스마트폰이라는, 작고 멋들어지게 생긴 기계에 집어넣은 것이다. 그것도 손가락 하나로 아주 편리하게 쓸 수 있게 말이다. 잘 알고 있는 바와 같이 스마트폰의 보급으로 인해 앞서 열거한 기계들은 역사의 뒤안길로 사라졌다.

10여 년 전 유비쿼터스 헬스케어를 연구하던 연구자들은 휴대용 심박측정장치, 휴대용 혈압계, 자세 모니터링 기계를 따로 개발했지만 이제는 스마트폰이나 스마트워치만 있으면 몸의 여러 곳에서 측정한 생체 정보를 한곳에 저장하고 꺼내 보는 것이 가능하다. 당시에 개발되던 '유비쿼터스 헬스케어 단말기'라는 이름의 작은 전자 기기는 대부분 빛도 보지 못하고 사라져버렸다. 어쩌면 스티브 잡스는 우리의 생활 방식만 바꾼 것이 아니라 (아마 의도치는 않았겠지만) 의료와 건강 관리의 방식까지 바꾼 인물로 역사에 기록될지 모른다.

그런가 하면 생체 정보를 전혀 측정하지 않고 스마트폰만으로도 건강을 진단하는 것이 가능한데 스마트폰은 특히 정신 건강을 진단하는 데 아주 유용할 수 있다. 혁신적인 아이디어를 내놓기로 유명한 미국 MIT 미디어랩의 앨릭스 샌디 펜틀랜드Alex Sandy Pentland 교수는 미국 국방부의 지원을 받아 PTSDPost Traumatic Stress Syndrome(외상 후 스트레스 증후군)[76] 가능성이 높은 퇴역 군인들의 정신 건강을 스마트폰을 이용해서 진단하는 연구 프로젝트를 수행하고 있다. 현역 시절 겪었던 전쟁 경험으로 인해 PTSD를 앓게 된 퇴역 군인들은 건강한 사람들에 비해 사회성이 떨어지고 우울감에 시달릴 뿐만 아니라 일을 할 때의 집중력도 감소된다고 알려져 있다. 이들을 위해 활용한 스마트폰의 기능은 바로 범지구 위치결정 시스템Global Positioning System: GPS이다. 이는 사용자 휴대전화의 위치 좌표를 실시간으로 추적할 수 있도록 내장된 기능으로 이동통신 기지국이나 와이파이Wi-Fi 정보 등을 함께 이용하면 위치를 더욱 정확하게 알아내는 것이 가능하다. 최근에는 근거리 무선통신 방식인 '비콘Beacon'이라는 기술도 사용하고 있는데, 실내에서도 사용자의 스마트폰 위치를 5cm보다 적은 오차로 추적할 수 있는 기술이다. 만약 앞에서 열거한 기술들을 이용해서 스마트폰을 가지고 있는 PTSD 환자의 위치 변화를 추적한다면 환자에 대한 여러 가지 정보를 알아내는 것도 가능하다. 예를 들어 특정한 사용자가 일정한 시간 동안에 얼마나 활발히 움직였는지를 살펴보면 그 사람의 우울한 정도를 짐작할 수 있다. 아무래도 우울증에 시달리는 사람은 그렇지 않은 사람보다 신체적인 활력이 떨어지기 때문에 활동량이 낮을 수밖에 없다. 이뿐만 아니다. 주변 사람들의 위치 정보도 함께 얻는다면 주위에 사람이 얼마나 많은지, 그리고 그 사람들과 얼마나 소통을 하는지 등의 정보를 활용해서 이 사람의 사회성이 정상에 비해 얼마나 떨어졌는지를 알 수 있다. 스마트폰의 위치 정보뿐만 아니라 스마트폰을 들여다보는 빈도를 모니터링하면 사용자의 집중도를 파악하는 것도 가능하다. 아무래도 집중력이 떨어지고 산만해지면 스마트폰을 많이 만지작거리고 오지도 않은 메시지를 자주 확인해보는 경향이 있기 때문이다. 실제로 펜틀랜드 교수는 이런 정보를 이용해서 PTSD가 의심되는 퇴역 군인들을 진단했는데 의사의 진단과 놀랍도록 일치하는 결과를 얻었다. 하루에 평균 150번을 들여다본다고 해서 정신 건강을 해치는 주범이라는 비판을 받는 스마트폰이 오히려 정신 건강을 지키는 도우미 역할을 할 수 있다는 사실이 참 아이러니하다.

미국 미시간 주립대학Michigan State University 컴퓨터공학과–정신과 공동 연구팀의 최신 연구 결과는 더욱 흥미롭다. 이 대학 컴퓨터공학과 에밀리 프로보스트Emily Provost 교수는 사람의 기분 상태가 목소리에 반영된다는 사실을 주목했다. 우리는 눈을 감은 채 상대방의 목소리만 듣고도 그 사람의 기분 상태를 알아낼 수 있다. 우리가 '의식적으로' 인식하지는 못하지만, 우리 뇌가 상대방 목소리의 높낮이나 말하는 패턴 등을 파악해서 그 사람의 감정 변화를 알아채는 것이다. 프로보스트 교수는 이런 인간의 능력을 기계에 이식하기로 했다. 흔히 기계학습Machine Learning이라고 부르는 기술을 사용해서 말이다. 기계를 학습시키기 위해서는 많은 양의 데이터가 필요하기 때문에 프로보스트 교수는 정신과 전문의들에게 협조를 구했다. 그들이 자신의 환자에게 전화를 걸 때, 환자의 기분 상태를 평가해서 점수를 매기게 하고 동시에 환자의 목소리도 녹음하게 했다. 그리고 이렇게 모은 데이터를 이용해서 목소리만으로 사람의 기분 상태를 자동으로 인식하는 가상의 모델을 만드는 데 성공했다. 프로보스트 교수는 완성된 모델을 스마트폰의 앱으로 만든 다음 조울증Bipolar Disorder[77]이나 우울증에 걸린 환자에게 제공했다. 스마트폰 앱을 켜놓은 상태로 전화 통화를 하면, 환자의 현재 기분 상태를 자동으로 파악해 스마트폰에 기록하고 그 결과를 다시 정신과 의사들에게 전송하므로 환자를 진단하는 데 도움을 줄 수 있다.

그런데 알고 보면 정신 질환은 진단이 매우 까다로운 질환이다. MRI, 초음파, 혈액검사 등과 같이 수치나 영상으로 진단할 수 없기 때문이다. IT 기술이 발달한 현대에도 정신건강의학과에서는 수십 년 전이나 다름없이 문진이나 설문 조사를 이용해 환자를 진단한다. 필자는 그동안 여러 정신과 의사를 만났는데 그중에는 IT 기술이 정신과에 도입되기를 고대하는 사람이 아주 많았다. 여러 가지 이유가 있겠지만, 정신 질환은 다른 질환에 비해 환자나 보호자가 병에 걸렸다는 사실을 잘 받아들이지 못하는 것도 한몫한다. 만약 이때 수치나 영상으로 나타난 객관적인 증거 자료를 함께 보여준다면, 보다 쉽게 질환을 받아들이고 적극적으로 치료에 참여할 수 있을 것이다. 미국 다트머스 대학Dartmouth College 정신과의 드로 벤지브Dror Ben-Zeev 교수는 앞서 소개한 펜틀랜드 교수와 프로보스트 교수의 연구를 적절히 합쳐서 조현병Schizophrenia[78] 환자를 진단하기 위한 스마트폰 앱을 개발했다. 크로스체크CrossCheck라는 이름의 이 앱은 GPS를 이용해서 환자의 위치 정보를 읽어 들일 뿐만 아니라 스마트폰에 내장된 가속도 센서를 이용해서 환자가 걷는지 달리는지 아니면 서 있는지 등의 정보도 기록한다. 또 스마트폰에 내장된 마이크를 이용해서 얼마나 자주, 얼마나 오래 통화를 하는지도 기록한다. 조현병은 환자나 보호자가 특히 인정하지 않으려 하고 다른 정신 질환과 구별이 어려운 경우도 많기 때문에 크로스체크와 같은 앱에서 나온 수치가 환자의 진단과 치료에 큰 도움을 줄 수 있다.

하지만 개인의 위치 정보나 스마트폰 사용 정보 등은 지극히 사적인 정보이기 때문에 통신사는 물론이고 특정한 개인이나 단체가 함부로 사용하거나 배포해서는 절대 안 된다. 누군가가 여러분이 어디서 무엇을 하고 있는지를 시시각각으로 감시한다고 생각해보라. 아마 한순간도 마음 편히 지낼 수 없을 것이다. 따라서 앞서 예로 든 것과 같은 정신 건강 진단 서비스를 실제로 적용하려면 사용자 한 명, 한 명으로부터 자신의 개인정보를 자유롭게 활용해도 좋다는 허락을 받아야만 한다. 모든 이의 동의를 받은 후에도 이 정보가 개인 감시와 같은 나쁜 용도로 활용되지 않도록 정보 보안에 각별히 신경을 써야 한다. 스마트 기기를 이용한 건강 관리 서비스가 기술적으로는 충분히 가능함에도 불구하고 아직 널리 활용되지 못하는 이유다. 2015년 여름 대한민국은 '중동 독감'이라고도 하는 메르스MERS로 인해 한바탕 홍역을 앓았다. 무려 반 년이나 지속되며 38명의 소중한 목숨을 앗아간 메르스 사태는 감염성 질환의 조기 대처와 방역이 얼마나 중요한지를 국민 모두에게 뚜렷하게 각인시킨 사건이었다. 메르스 사태로 많은 병원이 환자 수가 감소해 도산 위기에 몰리고 우리나라를 방문하는 관광객이 약 40%나 급감하는 등 막대한 경제적 피해를 입기도 했다. 메르스의 확산을 막기 어려웠던 이유는 메르스 감염자가 언제 어디서 누구와 접촉했는지 정보를 알아내기 아주 어려웠기 때문이다. 그런데 전 국민이 휴대전화를 보유하고 있다고 해도 과언이 아닌 우리나라에서 만약 이를 이용한 개개인의 실시간 위치 정보 검색이 가능했다면, 특정 시간에 메르스 감염자의 반경 10m 이내에 있었던 모든 사람을 찾아내는 일은 그다지 어렵지 않았을 것이다. 누구나 잘 아는, 두 좌표 사이의 거리를 계산하는 공식만 5800만 번[79] 반복 계산해보면 될 일이기 때문이다. 하지만 이런 공익적인 장점에도 불구하고 개개인의 위치 정보는 너무나 민감하고 중요한 개인정보이기 때문에 특정 기관이나 개인에게 함부로 제공해서는 안 된다. 공익과 프라이버시 사이의 적절한 타협점을 찾기 위해 앞으로도 많은 논의가 필요할 것으로 보인다.

최신 스마트폰이나 스마트밴드에는 가속도 센서와 자이로 센서 Gyro-sensor[80]가 내장돼 있어서 사용자의 걸음 수나 계단을 오르내린 횟수를 기록할 수 있다. 또 사용자의 심장 박동 수를 실시간으로 측정해서 스마트폰에 기록해주는 웨어러블 기기도 많다. 하지만 지금의 기술 수준은 매일매일 걸음 수나 심장 박동 수의 변화를 저장하고 그래프로 나타내는 것이 전부다. 헬스케어 기기 스스로 사용자의 건강 상태를 체크해서 알려주거나 건강 관리를 위한 조언을 하지는 못한다는 뜻이다. 필자도 가끔 스마트폰으로 하루 동안의 걸음 수나 심장 박동 수를 확인해보기는 하지만 매일 사용하고 싶을 정도의 매력은 아직 느끼지 못했다. 헬스케어 기기가 진정한 건강 관리자의 역할을 하지 못하는 이유는 물론 여러 가지 규제가 발목을 잡고 있기 때문이기도 하지만 아직 생체 정보와 개개인의 상태를 관계 지을 만큼 충분한 양의 데이터를 확보하지 못했기 때문이기도 하다. 이런 데이터는 쉽게 수집할 수 있을 것 같지만, 앞서 언급한 '개인정보 보호' 문제 때문에 작은 회사나 기관이 하기 쉽지 않다. 자신의 소중한 생체 정보를 무료로 제공할 개인은 많지 않을 것이므로 거대 자본을 등에 업은 대기업이 막대한 돈을 투자해서 생체 정보 빅데이터를 수집하게 될 것이다. 그러면 결국에는 이 값비싼 정보를 이용해서 개인용 헬스케어 시장을 독점할 가능성이 높다. 아무쪼록 우리 기업들이 다가올 미래에 잘 대비해주길 바란다.

미래의 의사
원격의료와 셀프케어

20세기 초에 활동한 독일의 의사이자 유명한 과학 저술가인 프리츠 칸Fritz Kahn은 의학의 미래를 예상해 여러 상상도를 그린 것으로도 유명하다. 그의 그림은 컴퓨터도 없던 시절에 그린 것이지만 한참이 지난 지금 보더라도 '그가 혹시 타임머신을 타고 과거로 돌아간 현대인이 아닐까?' 하는 생각이 들 정도로 의학의 미래를 잘 예측했다. 그의 작품 중 1939년에 그린 「미래의 의사The doctor of the future」에는 다음과 같은 설명이 붙어 있다. "미래의 의사가 라디오와 텔레비전을 이용해서 남해에 있는 인디아India라는 배에 있는 환자와 상담을 하고 있다". 그림을 자세히 들여다보면, 양복을 잘 차려입은 한 남자(의사)가 탁자 앞에 있는 대형 스크린을 쳐다보고 있고 스크린에는 침대에 누워 있는

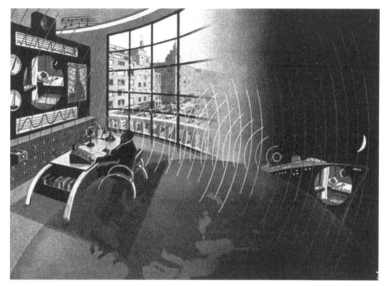

환자의 영상과 함께 환자의 심전도, 호흡 그래프, 흉부 엑스선X-Ray 영
상, 그리고 그림상으로는 판독이 어려운 몇 개의 계기판이 보인다. 의
사는 왼손으로는 컴퓨터 키보드 비슷한 버튼을 누르면서 오른손에
는 펜을 든 채 라디오 통신을 이용해 먼 곳에 떨어져 있는 환자와 대
화를 나누고 있다. 프리츠 칸의 이 작품은 현대 의학에서 '원격의료
Telemedicine'라고 부르는 기술의 아이디어가 사실은 80여 년의 역사를 가
지고 있음을 보여준다. 화상통신이나 디지털 생체 신호 전송 기술이
1980년대에 들어와서나 가능해졌다는 사실을 감안한다면 정말 놀라
운 상상력이 아닐 수 없다. 당시에는 꿈에서나 벌어질 법한 그림 속
장면은 눈부신 IT 기술의 발전에 힘입어 현실이 됐다.

원격의료를 위한 기술은 이미 준비돼 있지만, 정책을 기획하는 정치인들과 의사들의 입장은 많이 다르다. 의사들은 원격의료가 의료의 전체적인 질을 떨어뜨리고 일부 경쟁력 있는 병원으로 의료 수요가 집중될 것을 걱정한다. 특히 우리나라처럼 인구밀도가 높고 의료접근성이 좋은 나라에서 굳이 원격의료를 실시할 필요가 있는가 하는 문제에서는 의료인 사이에서도 의견이 갈린다. 정치인들은 원격의료를 조속히 시행하지 않으면 이 분야의 기술 수준이 선진국에 비해 뒤처지지 않을까 걱정한다. 원격의료를 '큰 부가가치를 발생시킬 수 있는 새로운 산업'으로 보는 측면이 크다. 필자는 의료인들의 우려에도 타당성이 있으므로 전면적으로 시행하지는 않더라도 원격의료가 꼭 필요한 분야와 사람을 대상으로 제한적으로 시행하는 것에 찬성한다.

예를 들면, 미국 식품의약품안전처는 2015년 덱스콤Dexcom이라는 미국 회사가 개발한 24시간 연속혈당측정기와 연동한 앱의 사용을 허가했다. 이 앱은 까다롭기로 소문난 미국 식품의약품안전처가 승인한 최초의 의료용 모바일 앱이 됐다. 연속혈당측정기는 손가락 크기의 미세한 센서인데 이것을 피부에 붙이면 5분에 한 번씩 혈당을 측정해서 그 결과를 휴대용 기기로 전송한다. 스스로 혈당을 측정하기 어려운 노인이나 어린이 당뇨 환자가 주로 이용하는데 혈당에 급격한 변화가 나타나면 의사에게 알려 적절한 처방을 받을 수 있게 해준다. 이 회사는 구글과 공동으로 밴드 형태의 소형 혈당측정기도 개발하고 있는데, 막강한 빅데이터와 강력한 인공지능 기술을 무기로 하는 구글이 앞으로 원격의료 분야에서 보여줄 활약이 기대된다. 아직 여러 가지 논란이 있기는 하지만 프리츠 칸의 80여 년 전 상상은 이르면 수년 이내에 현실이 될 가능성이 높다. 분명한 것은 원격의료를 통해 만성 질환 환자나 의료 시설에 접근하기 어려운 사람이 보다 나은 의료 서비스를 받고 건강한 삶을 살게 될 가능성이 높아지고 있다는 것이다.

마이크로칩이 건강을
관리한다
사이보그 프로젝트

그렇다면 미래의 헬스케어 시스템은 어떻게 진화할까? 당뇨병이
나 고혈압처럼 지속적인 관리가 필요한 만성 질환을 앓는 환자들은
매일 혈당이나 혈압을 측정해서 건강 상태의 변화를 체크해야만 한
다. 그 결과에 따라서 약의 복용량을 바꾸거나 식단을 조절하는 등 적
절한 처방을 해야 하기 때문이다. 지금은 혈당을 측정하기 위해 손가
락 끝을 바늘로 찔러서 나온 피를 분석하는 방법을 많이 쓰는데 고통
스러울 뿐만 아니라 채혈한 피를 분석기에 직접 넣어야 해서 번거롭
기까지 하다. 혈압도 마찬가지다. 손목이나 팔목에 혈압계를 착용하
고 한참을 기다려야 측정된다. 생체공학자들은 이제 생체 정보를 측
정하기 위해 몸에 초소형 마이크로칩을 삽입하는 방법을 생각하기에

이르렀다. 매일 고통스럽거나 번거롭게 측정할 필요 없이 아예 몸 안에서 몸 상태를 항상 모니터링해서 그 결과를 무선으로 스마트 기기에 전달해주는 기술이다. SF 소설에나 나옴 직한 이야기라고? 절대 아니다. 학자들에 따르면 이르면 10년 안에 몸속에 마이크로칩을 넣고 다니는 사람을 흔히 볼 수 있을 것이라고 한다.

사실은 이미 몸속에 마이크로칩을 장착하고 다니는 사람도 있다. 가장 유명한 사람은 영국 레딩 대학University of Reading의 인공지능 로봇공학 연구자인 케빈 워릭Kevin Warwick 교수다. 여러 다큐멘터리 프로그램을 통해 우리나라에도 잘 알려져 있는 워릭 교수를 가장 유명하게 만든 프로젝트는 '사이보그 프로젝트Project Cyborg'인데 이 연구에서 워릭 교수는 '멀쩡한' 자신의 팔에 마이크로칩을 장착하는, 어찌 보면 용감하고 어찌 보면 무모한 실험을 했다. 1998년 8월에 있었던 첫 번째 실험에서는 워릭 박사의 피부 아래에 통신용 RFIDRadio-Frequency Identification 칩을 삽입했다. RFID는 라디오 주파수 대역의 전파를 이용해서 먼 거리에서 정보를 인식하는 기술이다. 흔히 특정한 대상을 판독할 때 사용하는데, 가장 쉽게 접할 수 있는 사례로는 교통카드가 있다. 교통카드에는 RFID 칩이 내장돼 RFID 인식기에 가져다 대면 카드가 지갑 속에 있는데도 불구하고 누구의 교통카드인지 잔액이 얼마인지 등의 정보를 읽어낸다. 사실 RFID는 1980년대부터 소나 야생동물을 관리하기 위해서 동물의 피부 아래에 삽입했지만 워릭 교수 이전에는 어떤 사람에게도 적용한 적이 없었다. 그도 그럴 것이 '언어'를 가지고 있는 사람이 굳이 RFID를 이용해서 누가 누구인지를 식별할 필요가 전혀 없을 테니 말이다. 워릭 교수는 20분간의 간단한 시술을 통해 팔에 RFID 칩을 집어넣은 뒤에 자신의 연구실 곳곳에 RFID 인식 장치를 달아서 자신이 다가가면 인식 장치와 연결된 기계가 작동하게 만들었다. 예를 들면 문에 가까이 가면 문이 자동으로 열리고, 전등 스위치 근처에선 전등불이, 전열기 옆에선 전열기 스위치가 켜지는 식이다. "손발이 멀쩡한 사람이 왜 굳이 이런 방식으로 스위치를 켜야 하나?"라든가 "왜 굳이 몸속에 RFID를 넣고 다녀야 하나?"라고 묻는다면 필자도 여러분과 같은 생각이기 때문에 어찌 대답해야 할지 모르겠다. 실제로 많은 사람이 워릭 교수의 독특한 정신세계를 비웃었는데 그때마다 그는 "자신이 인류 최초의 사이보그가 되고 싶었다"라고 대답했다고 한다.

워릭 교수의 팔에 이식한 칩을 단순한 RFID 칩에서 제어 기능을 포함한 마이크로칩으로 업그레이드하는 데에는 채 4년이 걸리지 않았다. 2002년 화이트데이인 3월 14일, 워릭 교수는 몸에 또 한 번 칩을 넣는 것으로 스스로에게 화이트데이 선물을 선사했다. 워릭 교수가 기존에 지녔던 RFID 칩은 인식 장치에 다가가야만 기계가 작동했는데 새로 이식한 칩으로는 멀리 떨어진 곳에서도 여러 가지 기계를 움직이는 것이 가능했다. 워릭 교수의 왼팔에 이식한 칩은 96개의 바늘 전극이 있는 (2장에서 이미 등장한 바 있는) 유타 어레이를 채용한 칩이었다. 이 칩의 바늘 전극은 워릭 교수 팔의 신경세포에서 발생하는 전기 신호를 측정한다. 예를 들어 뇌의 우반구에 있는 운동피질이 왼손 검지를 움직이라는 명령 신호를 내려보내면 신경 신호가 전달되는 길목에 위치한 미세 바늘 전극이 이를 측정해서 컴퓨터로 신호를 전송하는 식이다. 워릭 교수는 손을 두 번 움켜쥐면 통신 범위에 있는 기계의 스위치를 켜고 다시 두 번 움켜쥐면 스위치를 끄는 방식으로 연구실에 있는 거의 모든 주변 기구를 손대지 않고 제어하는 데 성공했다. 당시 학자들은 사람의 몸에 미세 바늘 전극을 이식하면 상처가 난 부위가 아물면서 신호가 잘 측정되지 않거나 신경계 손상의 위험이 있을지 모른다는 걱정을 하고 있었다. 워릭 교수는 마이크로칩을 자신의 몸에 성공적으로 이식하고 수년간 이상 없이 작동하는 것을 보임으로써 세간의 우려를 완전히 불식시켰다. 워릭 교수의 대담한 실험은 2년 뒤 미국 브라운 대학 존 도노휴 교수 연구팀이 이 미소 전극 배열 칩을 살아 있는 사람의 뇌에 이식하는 실험을 진행할 때, 미국 식품의약품안전처를 설득하기 위한 좋은 사례로 쓰였다. 이후에도 워릭 교수의 도전은 계속됐는데, 2005년에는 자신의 팔에 삽입한 마이크로칩을 인터넷과 연결했다. 그것도 레딩 대학에서 무려 5000마일이나 떨어진 미국 뉴욕 시 컬럼비아 대학Columbia University의 한 연구실에 설치된 로봇 팔과 말이다. 그리고는 워릭 교수가 팔을 움직일 때마다 컬럼비아 대학에 있는 로봇 팔이 따라 움직이게 했다. 이뿐만 아니라 로봇 팔의 손가락 끝에 붙은 센서가 어떤 물체를 감지하면 그 느낌이 워릭 교수의 감각으로 전달되기까지 했다. 미소 전극 배열 칩의 바늘 전극에 약한 전류를 흘려주면 워릭 교수가 그 물체를 만지는 듯한 감각을 느끼게 하는 것이 가능하기 때문이다. 이는 마치 5000마일 떨어진 곳에 워릭 교수가 조종하는 아바타가 있게 되는 것과 같다. 심지어 워릭 교수는 자신의 팔에 이식된 마이크로칩과 동일한 마이크로칩을 아내의 팔에 이식하기도 했다. 워릭 교수가 어떻게 자신의 아내를 설득했는지는 미스터리이지만, '미친 과학자'로 불리기도 하는 워릭 교수와 결혼한 아내도 보통 사람은 아니었으리라. 워릭 교수는 자신의 아내에게 이식한 마이크로칩과 자신의 팔에 있는 마이크로칩을 연동해서 서로가 느끼는 것을 공유하도록 했다. 아직은 원시적인 단계지만 미래에는 이런 기술이 인간의 뇌에까지 확장돼 보고 느끼는 것을 여러 사람이 공유하게 될 수도 있을 것이다. 워릭 교수의 일련의 실험은 인간의 기계화를 앞당기고, 악용할 경우 개인 통제의 수단으로 쓰일 수도 있다는 엄청난 비판에 부딪혀왔다.[81] 하지만 워릭 교수의 '자신의 몸을 과감히 희생하는 노력'이 체내에 이식하는 건강 관리용 마이크로칩의 대중화를 앞당길 것이라는 사실만은 틀림없다. 덕분에 지속적인 건강 관리를 필요로 하는 많은 만성 질환 환자가 가까운 미래에는 번거롭게 별도의 측정 기계를 착용하는 대신 스마트폰을 꺼내 몸 상태를 체크하게 될 것이다. 21세기의 첨단 생체공학은 인간이 주어진 삶을 온전하고 건강하게 누릴 수 있게 하는 새로운 기술을 끊임없이 만들어내고 있다.

chapter 4

프로젝트
트랜스휴먼

제로에서 플러스로
휴먼증강

바이오닉 팔, 인공 망막, 인공 와우, 인공 심장…. 지금까지 소개한 바이오닉스 기술은 모두 마이너스(-)를 제로(0)로 만들기 위한 것이었다. 정상인을 '제로'라고 한다면 특정한 신체 기능을 상실한 '마이너스' 상태의 장애인이나 환자를 제로에 가깝게 만드는 것이 연구의 목표였다. 하지만 인간의 무한한 상상력과 지칠 줄 모르는 탐구심은 여기서 만족할 수 없었다. 독거미에게 물린 뒤 자유롭게 빌딩 벽을 타고 손에서 거미줄을 뽑아내는 초능력을 보유하게 된 스파이더맨처럼 제로 상태의 인간을 '플러스(+)' 상태의 슈퍼휴먼으로 만들려는 인간의 욕구가 꿈틀대고 있다. 우리는 어쩌면 자연의 진화 법칙을 무시하고 기술의 힘을 빌려 스스로를 변화시키는 종種을 목도하게 될지도 모른다. 그것도 머지않은 미래에 말이다.

정신적, 신체적 능력을 개조해 보통의 인간보다 훨씬 뛰어난 능력을 획득한 인간을 트랜스휴먼Transhuman이라고 한다. 그리고 인간을 트랜스휴먼으로 만들어야 한다는 운동 혹은 사상을 트랜스휴머니즘Transhumanism, 이 사상을 따르는 사람을 트랜스휴머니스트Transhumanist라고 부른다. 트랜스휴머니즘을 최초로 언급한 사람은 영국의 저명한 생물학자인 줄리언 헉슬리 경Sir Julian Huxley인데, 그는 1957년 집필한 저서에서 인류가 지닌 생물학적인 한계를 뛰어넘을 수 있을 것이라는 믿음을 '트랜스휴머니즘'이라는 용어로 불렀다. 트랜스휴머니스트들은 오스트랄로피테쿠스Australopithecus로부터 현재의 인류로 진화하는 데 무려 200만 년의 시간이 걸렸지만 인류가 트랜스휴먼으로 진화하는 것은 마치 '나비가 번데기에서 나오는 것'처럼 순식간에 일어나게 될 것이라고 예상한다.

학자들은 이미 다양한 분야에서 인간 능력의 증강Augmentation을 시도하고 있다. 특히 유전공학의 눈부신 발전은 인간 유전체Genome 지도를 만든 지 불과 20년이 지나지 않아 GMOGenetically Modified Organism[82] 휴먼의 탄생을 예고하고 있다. 오늘날의 발전된 유전공학 기술을 이용하면 유전자의 특정한 부위만 부분적으로 잘라서 변이시키는 것이 가능하다. 유전체에서 특정 유전자 부위를 자르는 데 사용하는 인공 효소를 '유전자 가위'라고 하는데, 이것으로 잘못된 유전자를 제거하거나 복구할 수 있다. 따라서 이 기술을 이용하면 유전 질환을 가진 부모가 인공수정을 하는 과정에서 질환을 일으키는 유전자만 잘라내 건강한 아기가 태어나게 할 수 있다. 2015년 중국 연구진이 인간 배아에서 '베타지중해성 빈혈'이라는 희귀 유전 질환에 관여하는 유전자를 잘라내는 데 성공했다고 발표해서 전 세계의 이목을 집중시킨 적이 있다. 윤리적인 문제 때문에 배아 연구에 그치기는 했지만 최초로 인간 배아를 대상으로 한 유전자 편집 연구라는 점에서 뜨거운 생명윤리 논쟁을 불러일으켰다. 난치병으로 고통받는 부모들에게는 한 줄기 희망의 빛이 될 연구라고 하지만, 다른 한편으로는 연구가 지속되면 언젠가는 '맞춤형 아기Designer Baby'를 만들어낼지도 모른다는 우려를 지울 수 없다. 모든 인간은 우성과 열성 형질을 골고루 갖고 태어나는데, 만약 인간 배아의 유전자 조작으로 열성 형질을 우성 형질로 바꿀 수 있게 된다면 SF 영화 「가타카Gattaca」(1997년)에서 그린 미래 사회처럼 유전자에 의해 인간의 서열과 능력이 미리 결정되는 '비인간적인 시대'가 도래할지도 모른다. 또한 현재로서는 유전자 조작에 드는 비용이 아주 크기 때문에 이 기술이 가능해진다고 하더라도 극소수의 부자만 혜택을 받게 될 것이다. 열성 인자를 가지고 있지 않은 슈퍼휴먼은 모든 경쟁에서 자연 생식을 통해 태어난 '불완전한' 사람에 비해 뛰어날 확률이 높기 때문에 맞춤형 아기의 탄생은 계층 간의 격차를 더욱 벌어지게 할 것이다. 마지막으로 가능한 시나리오는 맞춤형 아기가 공장에서 찍어내는 일종의 상품처럼 취급될지도 모른다는 것이다. 부모는 자녀가 사랑의 결실이자 자신들의 분신이기 때문에 조건 없는 사랑을 베푼다. 우수한 두뇌와 뛰어난 신체 능력을 보유하고는 있지만 자신들과 닮은 점이 없는 자녀는 공장에서 찍어내는 장난감 로봇과 다를 바가 없다. 영화 「마이 시스터즈 키퍼My Sister's Keeper」(2009년)에는 백혈병에 걸린 언니를 살리는 데 필요해 태어나게 된 맞춤형 아기가 등장한다. 언니의 치료를 위해서 철저하게 '설계된' 동생은 태어나는 순간부터 자신의 의지와는 상관없이 줄기세포와 골수를 언니에게 제공해야만 한다. 그것이 그녀의 유일한 생존의 이유이기 때문이다. 지극히 당연한 얘기지만, 맞춤형 인간에게도 인간으로서의 기본적인 권리가 주어져야 한다.

유전자 편집 기술을 소기의 목적대로 희귀 질환 극복에만 사용한다면 비난과 우려의 대상이 될 이유가 전혀 없다. 문제는 '그 이상'을 원하는 사람이 있다는 것이다. 그렇다면 인간의 신체 능력 증강을 가장 원하는 곳은 어딜까? 그렇다. 바로 '군대'다. 고통이나 공포를 느끼게 하는 유전자를 없앤다면 두려움이 없는 용맹한 전사를, 연민이나 사랑의 감정을 없앤다면 냉철한 기계와 같은 병사를 만들 수 있을 것이기 때문이다. 최근 들어 군사 관계자가 관심을 가질 만한 생물학적 트랜스휴먼 기술이 개발되고 있어 큰 우려를 자아내고 있다. 2015년에는 우리나라와 중국의 공동 연구팀이 유전자 편집 기술을 이용해서 정상보다 근육량이 훨씬 많은 슈퍼 돼지를 만들어내는 데 성공하기도 했다. 돼지뿐만 아니라 포유류 대부분에는 마이오스타틴Myostatin이라는 유전자가 있는데, 이는 근육의 성장을 억제하는 역할을 한다. 일반적으로 근육은 지속적인 운동을 통해서만 성장시킬 수 있지만, 이 유전자를 없애거나 기능을 억제하면 전

···▷ (그림 45) 영화 「아이언맨」 포스터

혀 운동을 하지 않고도 가능해진다. 유전자 편집 기술을 돼지에게
적용하면 한 마리에서 얻어내는 고기가 많아지기 때문에 전 지구적
인 식량 문제 해결에 도움이 될 수도 있다. 하지만 만약 이 기술을
사람에게 적용한다면 어떻게 될까? 어쩌면 미래의 병영에는 터질
것 같은 근육질로 무장한 '슈퍼 솔저'가 넘쳐나게 될지도 모른다. 아

무리 좋은 의도로 개발한 기술도 그것을 사용하는 사람이 잘못 판단하면 인류에게 해악을 끼칠 수 있음을 원자폭탄의 사례를 통해 배운 바 있다. 부디 유전자 편집 기술이 인류의 행복을 위해서만 사용되기를 기대한다.

학자들은 생물학적 기술뿐만 아니라 공학 기술을 이용해서도 인간의 신체 능력을 증강하고자 노력하고 있다. 이미 1장에서 소개한 바 있듯이 외골격 로봇을 착용함으로써 근력을 보조하고 작업 효율을 향상시키는 것이 가능하다. 상상력을 좀 더 확장한다면, 영화 「아이언맨」에 등장하는 로봇 슈트를 생각해볼 수 있다. 실제로 전자공학이나 기계공학 분야에서는 이 슈트에 등장하는 여러 첨단 기술을 구현하기 위해 노력하고 있다. 「아이언맨」에서는 일일이 설명하지 않았지만 영화의 여러 장면을 토대로 추측해본다면, 아이언맨을 만들어내기 위해서는 대략 다음과 같은 기술이 필요할 것이다(하늘을 비행하는 기술이라든가 레이저 빔을 쏘는 기술과 같은 '공상 과학'적인 내용은 제외했고 현재의 기술 수준을 상, 중, 하로 나타냈다).

- 헤드-업 디스플레이Head-Up Display: HUD 기술을 이용해서 아이언맨의 눈앞에 펼쳐지는 투명 디스플레이에 각종 센서의 측정값 표시(현재 수준-상)
- 아이언맨 슈트의 안정성과 고장 여부를 실시간으로 체크하고 경고를 보내는 자가 진단 시스템(현재 수준-중)
- 눈앞에 보이는 사물을 자동으로 인식하고 목표물을 추적하며 목

표물의 정보를 불러오는 로봇 비전 인식 시스템(현재 수준-상)

- 클라우드Cloud 서버와 연결해 고속으로 정보를 검색할 수 있는 지식 네트워크 시스템(현재 수준-상)

- 다양한 형태의 정형(고정된 형태를 가진), 비정형(형식이 고정돼 있지 않은) 데이터를 수집하고 인식할 수 있는 지식 수집 에이전트 시스템(현재 수준-중)

- 착용자의 음성을 분석하고 인식하며 농담을 주고받을 수 있을 정도의 자연어 처리 시스템(현재 수준-중)

- 착용자의 생체 정보로부터 착용자의 건강 상태를 점검해줄 수 있는 개인 건강 가이드 시스템(현재 수준-중)

- 화학 무기, 생물학적 무기로부터 완벽히 차단해주는 완전 밀폐형 방호복 시스템(현재 수준-상)

첨단 공학 기술의 발전으로 머지않아 아이언맨과 같은 미래 병사가 현실에서 구현될 것이다. 실제로 미국, 영국, 일본뿐만 아니라 우리나라에서도 2030년경을 목표로 아이언맨이나 로보캅과 같은 미래형 병사 시스템을 개발하고 있으니 불과 10여 년만 지나면 공학 기술의 도움으로 증강된 신체를 보유한 새로운 형태의 인류를 접할 수 있을 것이다. 이제 인간 능력의 증강 연구는 신체적 능력 향상에서 인지적 능력 향상으로 그 목표를 업그레이드하고 있다.

뇌-기계 접속에서
뇌-인공지능 접속으로

우리나라에도 많은 팬을 보유한 오시이 마모루 감독의 일본 애니메이션 영화 「공각기동대Ghost in the Shell」(1995년)에는 뇌의 일부를 전자 뇌Electronic Brain[83]로 대체한 주인공들이 등장한다. 그들은 특수한 외부 기기의 도움 없이 생각만으로 의사소통을 하는 것은 물론이고 실시간으로 클라우드 서버에 접속해서 필요한 자료를 자신의 전자 뇌, 즉 '전뇌'로 전송하기도 한다. 1999년에 나온 「매트릭스」에서는 단순히 생물학적인 뇌에 정보를 주입하거나 뇌의 활동을 읽어내기 위해서 뇌와 컴퓨터를 연결하지만 「공각기동대」에서는 생물학적인 뇌와 기계적인 뇌가 일체가 돼서 인지 능력을 증강한 것이므로 보다 진보된 개념으로 볼 수 있다.

그렇다면 과연 우리 뇌의 일부를 전뇌로 대체하는 것이 현실에서도 가능할까? 뇌공학자들은 망가진 뇌의 일부를 전뇌로 대체하는 것이 현재 기술 수준으로는 어렵다고 말한다. 뇌의 구조와 기능에 대한 지식이 턱없이 부족하기도 하거니와 뇌의 작동은 신경세포 사이 전류의 흐름만으로는 설명할 수 없는 부분이 많기 때문이다. 뇌의 일부를 대체하는 전뇌보다 상대적으로 빨리 실현될 것으로 예상되는 기술은 뇌의 기능을 보조하는 '보조 인공 뇌'다. 예를 들면 자연 뇌Natural Brain[84]와 연결한 보조 인공 뇌는 수학 문제를 풀 때 (논리적인 추론은 자연 뇌가 하지만) 수치적인 계산을 도맡아서 하거나, 유한한 인간 뇌의 기억 용량을 보조하는 하드디스크와 같은 역할을 수행할 수 있을 것이다. 앞서 2장에서 소개한 해마 칩이 이 기술의 실현 가능성을 간접적으로 보여주고 있다.

물론 완벽한 인공 뇌를 만들기까지는 많은 시간이 필요하겠지만, 최근 들어 뇌 신경계를 모방한 컴퓨터 칩인 '뉴로모픽 칩Neuromorphic Chip[85]을 개발하면서 그 가능성이 부쩍 커지고 있다. 뉴로모픽 칩은 보통 뉴런코어Neuron Core라고 부르는 CPU 코어와 각 뉴런코어를 연결하는 멤리스터Memristor[86] 소자로 구성돼 있다. 뉴런코어는 뇌에서 신경세포에, 멤리스터는 신경세포 사이를 연결하는 시냅스Synapse에 해당한다. 뇌의 정보 처리 과정에서 정보가 시냅스에 저장되는 것을 모방하기 위해서 저장 기능이 있는 소자인 멤리스터를 사용한 것이다. 뉴로모픽 칩이 있으면 최근 구글의 알파고AlphaGo와 IBM의 왓슨Watson으로 우리에게도 친숙해진 '심층신경회로망Deep Neural Network'을 컴퓨터가 아닌 뉴로모픽 칩 안에 하드웨어적으로 구현하는 것이 가능하다. 아직은 먼미래의 얘기지만, 대뇌피질의 특정한 부위에 있는 수억 개의 신경세포와 시냅스를 그대로 모방한 뉴로모픽 칩을 만들고, 그 칩의 멤리스터에 실제 뇌의 시냅스 연결 강도 정보를 집어넣은 다음 그 뇌 부위를 뉴로모픽 칩으로 대체할 수도 있을 것이다. 그러면 언젠가는 뇌 전체를 인공 뇌로 대체하는 것도 가능하지 않을까?

최근 들어 인공지능Artificial Intelligence: AI이 여러 분야에서 인간을 압도하면서 많은 학자들이 인공지능이 가져올지도 모르는 종말론적 미래에 대해 큰 우려를 표하고 있다. 인공지능은 일반적으로 강한 인공지능Strong AI과 약한 인공지능Weak AI으로 나눈다. 약한 인공지능은 인간이 만든 기본 틀 안에서만 학습하는 지능을, 강한 인공지능은 그 구조와 학습 방식마저 스스로 만들 수 있는 지능을 의미한다. 예를 들어 알파고는 가로세로 각각 19줄 위에서 진행하는 바둑의 룰에 따라 학습해서 인간을 뛰어넘었는데, 만약 오늘부터 바둑의 룰이 바뀌어서 가로세로 각각 21줄 위에서 대국을 진행해야 한다면, 알파고는 새로운 룰에 바로 적응하지는 못한다. 프로그래머가 바둑의 바뀐 룰을 알파고에 입력해야 하고, 새로운 바둑 기보를 이용해서 다시 처음부터 학습시켜야 한다. 알파고는 약한 인공지능이기 때문이다. 반면에 인간은 가로줄과 세로줄이 두 줄씩 늘어나더라도 이전과 비슷한 수준으로 바둑을 둘 수 있다. 인간은 약한 인공지능에는 없는 '직관'이라는 능력을 타고났기 때문이다. 여러 가지 의견이 있을 수 있겠지만, 필자는 적어도 우리 세대에서는 강한 인공지능을 보기 어려울 것이라고 예상한다. 현재는 어떻게 해야 강한 인공지능을 구현할지에 대한 가장 초보적인 아이디어조차 없는 상황이다. 물론 약한 인공지능이라고 해서 인류에게 위협이 되지 않는 것은 아니다. 운전기사나 의사, 약사와 같은 전통적인 직업은 물론이고 소설가, 작곡가, 화가 등과 같이 보다 창의적인 직업까지 인공지능의 도전에 직면하게 될지 모르기 때문이다. 그래서 지금까지 언론과 학자들은 인공지능과 인간의 대결 구도에 초점을 맞춰왔다. 하지만 필자는 뇌공학과 인공 뇌 연구가 인공지능과 인간의 공존을 위한 새로운 대안을 제시할 수 있을 것이라 믿는다.

인간은 여러 가지 측면에서 불완전한 존재다. 일례로 인간의 시각은 초당 20번 바뀌는 일련의 사진을 연속적인 영상으로 인식한다. 인류 진화 기간의 대부분을 차지하는 수렵 시대에는 초당 20회 정도의 '연속 사진'으로도 사냥을 하거나 위험에서 탈출하는 데 특별한 어려움이 없었기 때문이다. 무게가 1.4kg에 불과한 인간의 뇌는 인간이 소모하는 전체 에너지 중 약 20%를 쓴다. 이렇게 제한된 에너지를 최대한 효율적으로 써야 하는 뇌로서는 진화 과정에서 굳이 생존에 필요한 정도 이상으로 눈의 성능을 높여 에너지를 소비할 이유가 전혀 없었다. 한정된 뇌의 공간을 기능에 따라 구획화할 때도 마찬가지다. 생존에 더 중요한 손의 운동이나 언어 구사 능력에 상대적으로 많은 공간을 할애하다 보니 후각, 미각, 청각 등이 큰 비중을 차지할 수 없었다. 반면 쥐는 어두운 곳에서는 콧수염Whisker의 촉각이 유일한 감각인 만큼 콧수염의 감각을 느끼는 영역이 전체 대뇌 표면에서 가장 큰 면적을 차지한다. 인간의 감각 능력이 동물에 비해 떨어질 수밖에 없는 이유가 여기 있다. 감각만이 아니다. 기억은 또 어떤가? 인간의 장기 기억 저장 용량은 극히 제한돼 있다. 우리가 하루 동안 있었던 일을 모두 기억하지 못하는 것도 이 때문이다. 2015년 개봉한 애니메이션 「인사이드 아웃Inside Out」에는 인간 뇌에서 장기 기억이 생성되는 과정이 아주 흥미롭게 묘사돼 있다. 영화는 하루 동안 있었던 일에 대한 단기 기억 하나하나를 구슬로 표현하는데, 주인공이 잠을 자는 동안 뇌 속의 다섯 감정이 여러 구슬 중에서 장기 기억 보관소로 보낼 만한 가치가 있는 것만 골라낸다. 그 과정에서 선택받지 못한 구슬은 어두운 망각의 계곡 아래로 던져진다. 이뿐만 아니다. 장기 기억 보관소에 저장된 구슬도 오랫동안 주인의 부름을 받지 못하면 영영 돌아올 수 없는 망각의 계곡 아래로 버려진다. 이처럼 인간은 제한된 감각과 영원하지 않은 기억을 갖고 살아왔다.

인공지능은 불완전한 감각과 지식을 가진 인간을 보완하는 역할을 할 수 있다. 마치 아이언맨의 인공지능 비서 '자비스JARVIS'처럼 말이다. 자비스는 아이언맨 슈트에 부착된 수많은 센서에서 측정한 주변 환경 정보와 실시간 인터넷에 접속해서 얻은 지식 정보를 종합해서 아이언맨의 순간적인 판단에 도움을 준다. 영화에서 아이언맨과 자비스는 대화를 통해 소통하지만, 만약 자비스를 인공 뇌를 통해 인간의 뇌와 직접 연결한다면 어떨까? 온몸에 부착된 센서가 우리의 제한된 감각이 인식하지 못하는 새로운 감각 정보를 뇌로 직접 전달하고, 인터넷과 연결된 인공지능 자비스는 우리가 필요로 하는 지식 정보를 뇌로 실시간 전송할 것이다. 아직은 SF 영화 같은 이야기지만 언젠가는 인공 뇌가 인공지능과 자연지능을 하나로 연결해서 우리 인간을 '슈퍼휴먼'으로 만들어줄지도 모를 일이다.

　미국 MIT의 저명한 뇌공학자인 에드워드 보이든Edward Boyden 교수는 신경세포와 반도체 칩을 연결해서 새로운 지능을 만들어내는 것이 '다음 세기 뇌 연구의 주요 목표'가 될 것이라고 예상했다. 그는 언젠가 인간 뇌의 자연적인 신경 회로망과 반도체 회로망이 전기적, 광학적, 화학적으로 완벽하게 결합될 수 있을 것이라고 본다. 그렇다면 과연 언제쯤 증강 휴먼이 현실화될까? 쉽게 예단하기는 어렵다. 하지만 인류는 항상 상상한 것을 이뤄왔으며, 상상을 현실로 만드는 데 걸리는 시간이 점점 짧아지고 있는 것만은 사실이다. 필자는 현재 구현화 단계에 있는 첨단 기술 중에는 80년 전쯤에 처음 상상한 것이 많다는 사실을 알게 됐다. 이제는 우리의 일상에서 필수품이 된 스마트폰의 등장을 최초로 예견한 사람은 그 유명한 미국의 발명가 니콜라 테슬라Nikola Tesla다. 그는 1926년 『콜리어스Collier's』라는 미국 주간지와 한 인터뷰에서 다음과 같은 말을 남겼다.

　무선 시스템이 완벽하게 구현된다면, 전 지구는 하나의 거대한 뇌와 같이 변할 것이다. 우리는 거리에 관계없이 서로 즉각적으로 교신할 수 있을 것이다. 이뿐만 아니라 영상 통신과 음성 통신을 통해 마치 곁에 있는 것처럼 서로의 얼굴을 보고 목소리를 들을 수 있을 것이다. 수천 마일이나 떨어져 있다고 해도 말이다. 그리고 이 기계들은 우리의 현재 전화기와 비교할 수 없을 만큼 쉽게 교신하게 해줄 것이다. 사람들은 누구나 조끼 호주머니에 이 기계를 하나씩 가지고 다닐 것이다.

테슬라가 이 인터뷰를 한 지 정확히 80년이 지난 2007년, 최초의 아이폰이 등장했고 테슬라의 상상은 현실이 됐다. 요즘 큰 이슈가 되고 있는 가상현실, 즉 VR 역시 80년의 역사를 갖고 있다. 1935년 미국 SF 작가인 스탠리 와인바움Stanley Weinbaum은 『피그말리온의 안경Pygmalion's Spectacles』이라는 소설을 쓰면서 현대의 것과 동일한 개념의 VR 기기를 제시했다. 이야기의 주인공인 댄 부케는 알버트 루드비히라는 교수를 만나는데, 루드비히가 자신이 개발한 고글 형태의 특수 기계를 보여준다(그림 46 참조). 소설에서는 루드비히의 고글을 착용하면 영상과 소리뿐만 아니라 맛, 향, 촉감까지 느낄 수 있다고 하는데, 이것은 요즘 용어로 '사이버 물리 시스템Cyber Physical System'이라고 하는 개념이다. 이뿐만 아니다. 이미 3장에서 소개한 프리츠 칸의 「미래의 의사」 그림도 80여 년 전 상상의 산물이었고 그가 예견한 원격의료는 현실이 됐다.

그런데 인간이 인공지능을 최초로 상상한 것은 1956년으로 알려져 있다. '80년 설'을 인공지능에 대입해보면, 2036년경이면 이 기술이 완성돼야 한다. '인공지능의 완성'의 정의는 학자 간 약간의 이견이 있기는 하지만 인공지능 기술을 선도하고 있는 구글은 2035년이면 로봇이 인간을 완전히 대체할 것으로 예측했다. 세계적인 시사 주간지 『타임Time』지도 2036년이면 인공지능의 지적 능력이 인간을 뛰어넘을 것으로 예상했다.[87] 그렇다면 뇌-기계 접속 기술은 언제쯤 완

➠ (그림46) 스탠리 와인바움의 소설 『피그말리온의 안경』 표지 그림. 안경이 외형부터 현대의 VR 기기와 아주 비슷하다.

성될까? 많은 사람이 이 기술이 너무 더디게 발전하고 있다고 불평하지만, 최초의 뇌-기계 접속 개념은 UCLA의 자크 비달^{Jacques Vidal} 교수가 1973년에 제안했으니 불과 40여 년밖에 지나지 않았다. 다시 40년 정도가 더 지나면 비달 교수가 상상한 것처럼 생각만으로 주변 기계를 마음대로 컨트롤하고 텔레파시로 통신을 하게 될지도 모른다. 인간은 이제 막 뇌-기계 접속을 넘어서서 뇌-인공지능 접속을 상상하기 시작했다. 다른 모든 인간의 상상이 그러했듯이 이것도 언젠가는 현실이 될 것이다.

지능 증폭
머리가 좋아지는 기계

    머리를 좋아지게 하는 기계가 있다? 수험생들의 눈이 번쩍 뜨일 만한 소식이다. 믿기 어렵겠지만 이미 미국의 유명 인터넷 쇼핑몰인 이베이^{eBay}는 우리 돈 30만 원이면 구매할 수 있는 '똑똑해지는 기계'를 판매하고 있다. 바로 200여 년 전 조반니 알디니가 개발한 경두개직류자극^{tDCS} 이야기다. 이미 2장에서 소개한 바 있지만, 알디니는 볼타의 전지를 이용해 환자의 머리에 약한 직류 전류를 흘려서 우울증을 치료했다. 그런데 이렇게 단순한 원리의 기계를 본격적으로 활용하기 시작한 것은 정작 2000년대에 들어와서부터다. 경두개직류자극은 1960년대부터 거의 반세기 동안 대중의 관심에서 멀어져 있었다. 필자는 이 분야를 연구하면서 그 이유에 대해 알게 됐는데, 뜻밖에도 원인은 1964년에 출간된 한 편의 논문에 있었다. 영국 유니버시티 칼리지 런던의 생리학과 교수로 있던 조지프 레드펀Joseph Redfearn 교수는 1964년에 경두개직류자극을 이용해서 정신 질환을 치료하는 것과 관련된 연구 논문을 한 편 발표했다. 그런데 그는 이 논문에 "경두개직류자극은 위험할 수도 있으니 조심해서 사용하라"는 경고의 문장을 삽입했다. 그의 주장은 머리에 흘려준 전류가 잘못하면 뇌줄기Brainstem를 자극할 수 있다는 것이었다. 뇌줄기는 우리 몸의 반사적인 운동이나 내장 기능과 같이 생명 유지에 관여하는 중요한 뇌의 기관이다. 실제로 뇌줄기의 일부인 숨뇌(연수)가 손상되면 단시간에 사망에 이른다. 레드펀 교수는 자신의 실험에 참여한 일부 환자가 전기 자극을 받는 동안 호흡 곤란이나 심장 이상을 호소했다고 보고했다. 그는 환자들의 이상 반응이 숨뇌로 흘러들어 간 전류 때문이라고 확신했다. 신경생리학과 자아Self 연구의 대가인 레드펀 교수의 강력한 경고는 많은 연구자가 경두개직류자극을 이용한 뇌 조절 연구에 뛰어드는 것을 주저하게 했다. 아마도 약물 치료라는 다른 선택지가 있는 정신 질환 환자가 위험을 무릅쓰고 굳이 실험에 참가할 이유가 없었을 것이다. 일부 '용감한' 실험생리학자가 레드펀 교수의 실험을 따라 해본 뒤에 인체에 별다른 변화가 생기지 않는다고 보고하기도 했지만 저명 학자의 권위를 넘어서기란 쉬운 일이 아니었다. 결국 2000년대에 들어와서야 독일 괴팅겐 대학University of Göttingen의 마이클 니체Michael Nitsche 교수와 월터 파울루스Walter Paulus 교수가 (무엇인지는 모르겠지만) 레드펀 교수의 실험에 중대한 문제가 있었을 가능성을 언급하며 경두개직류자극은 뇌줄기에 어떤 영향도 끼치지 않는다는 결론을 내렸다. 실제로 2000년 이후에는 경두개직류자극의 부작용 사례가 단 한 건도 보고되지 않았다. 한 편의 잘못된 연구가 한 분야의 발전을 가로막을 수 있음을 단적으로 보여주는 사례다.

경두개직류자극은 양(+)의 전극 아래의 뇌 활동을 증가시키고 음(-)의 전극 아래의 뇌 활동을 억제하기 때문에 전극을 어디에 부착하느냐에 따라 뇌의 상태를 자유롭게 조절할 수 있다. 뇌 활동의 억제가 필요한 뇌전증이나 중독 질환은 뇌에 음의 전류를 흘려주고, 반대로 뇌 활동의 증가가 필요한 우울증이나 뇌졸중은 양의 전류를 흘려주면 치료 효과를 볼 수 있다. 뇌공학자들의 관심은 이제 '뇌를 자극해서 인간의 인지 능력을 증강할 수 있을까?'에까지 다다랐다. 2010년 영국 옥스퍼드 대학 연구팀은 경두개직류자극으로 다른 인지 기능에는 영향을 끼치지 않고 수학 능력만 증강할 수 있다는 연구 결과를 발표했다. 그런가 하면 2011년 호주 시드니 대학University of Sydney 연구팀은 뇌 전기 자극을 통해 직관력이나 통찰력을 향상시킬 수 있음을 보였고, 2010년 영국 유니버시티 칼리지 런던 연구팀은 경두개직류자극이 인간의 의사 결정에 영향을 줄 수도 있음을 증명했다. 이 외에도 경두개직류자극을 받고 나면 집중력 유지 능력이나 단기 기억 능력이 크게 향상된다는 연구 결과도 많다.

레드펀 교수가 만든 '봉인'이 풀리자마자 경두개직류자극을 이용한 연구 결과가 봇물 터지듯이 쏟아져 나왔다. 지금은 세계적으로 매년 1000여 편에 달하는 논문이 발표되고 있다(2000년 이전에 발표된 논문

은 모두 합쳐도 200편이 채 되지 않는다). 수많은 연구를 통해서 효과가 입증됐다고는 하지만 대중적인 보급에는 아직 신중해야 한다는 목소리도 많다. 장기간 사용에 따른 부작용 가능성이 있기 때문이다. 특히 미국 식품의약품안전처에서는 만 18세 이하 청소년이나 아동에게 경두개직류자극을 적용하는 것을 엄격히 금지한다. 성장기 청소년의 뇌 발달에 영향을 줄 수도 있다는 이유에서다. 그럼에도 뇌공학자들은 인지 강화에 보다 효과적인 뇌 자극 기술을 개발하기 위한 노력을 멈추지 않고 있다. 인간의 정신 능력 강화는 인간의 숨겨진 본능인 것일까?

2013년 세계 수면학계는 저명 학술지인 『뉴런Neuron』지에 실린 한 편의 논문을 주목했다. 독일 튀빙겐 대학University of Tübingen의 얀 보른Jan Born 교수 연구팀이 사람이 잠을 자는 동안에 약한 소리[88]를 들려주면 기억력이 향상된다는 놀라운 연구 결과를 발표했기 때문이다. 사람은 잠이 들면 계속 깊은 잠을 자는 것이 아니라 보통 1시간 반 정도의 주기로 깊은 잠과 얕은 잠을 반복한다. 가장 깊은 잠에 빠져 있을 때 뇌파를 측정하면 1Hz 미만의 느린 진동이 관찰되는데, 느린 뇌파가 발생하는 수면이라고 해서 '서파 수면Slow Wave Sleep: SWS'이라고 부른다. 서파 수면 때는 뇌에서 기억의 통합Memory Consolidation이 일어난다고 알려져 있다. 영화 「인사이드 아웃」에서 기쁨이, 슬픔이, 소심이가 하루 동안 있었던 기억의 구슬을 정리해서 장기 기억 보관소로 옮기거나 망각의 계곡 아래로 던져버리는 일이 바로 이때 일어난다. 서파 수면의 시간이 길어지면 그만큼 깨어 있는 동안의 기억이 장기 기억 보관소로 옮겨질 가능성이 높아진다. 그래서 공부하는 수험생들은 짧게 자더라도 깊은 잠을 자는 것이 중요하다. 보른 교수는 잠든 피실험자의 뇌에서 느린 뇌파 신호가 발생할 때, 그 신호의 오르내림에 맞춰서 '삑~ 삑~ 삑'하는 약한 소리를 들려줬다. 그랬더니 놀랍게도 서파 수면의 지속 시간이 더 길어졌다. 전날 잠들기 전에 암기한 내용을 다음 날 아침에 더 잘 기억하게 된 것은 물론이다.

보른 교수는 어떻게 이런 창의적인 생각을 하게 됐을까? 그에게 묻는다면 아마 "그냥 해봤어요"라는 답이 돌아올지도 모르겠다. '궁금하니까 일단 해보는 것' 그리고 '실패해도 계속해서 도전하는 것'이 바로 현대 과학을 있게 한 원동력이다. 현재 독일에서는 보른 교수의 소리를 이용한 뇌 자극법을 바탕으로 한 상품이 만들어지고 있다. 골전도 헤드셋에 뇌파를 측정할 수 있는 전극만 하나 달면 되므로 개발

자체는 어렵지 않을 것이다. 만약 이 기계를 온라인 쇼핑몰에서 판매한다면 우리나라 중·고등학생 중에서 쓰지 않을 '용감한' 학생이 과연 몇이나 될까? 물론 생각해볼 문제도 있다. 만약 이 기계가 한 대에 5000만 원이라면? 그런 거금을 손쉽게 지불할 용의가 있는 '금수저' 학생은 기억력 향상으로 더 좋은 성적을 받고, 돈이 없어서 기계를 쓸 수 없는 '흙수저' 학생은 성적이 더 떨어지게 될 것이다. 이런 현상이 지속된다면, 사회는 더욱 불평등해지고 빈부 격차는 커져만 갈 것이다. 그렇다면 만약 이 기계를 누구나 구매할 수 있는 저렴한 가격으로 판매한다면? 이때도 역시 문제는 있다. 모든 학생이 '머리 좋아지는 기계'를 쓴다면, 결국은 모두가 기계를 쓰지 않는 것과 똑같지 않을까? 어차피 성적 평가는 상대적일 테니 말이다.

미래에는 사람들이 머릿속에 작은 마이크로칩을 삽입해서 필요할 때마다 뇌의 특정한 부위를 조절할 수도 있을 것이다. 수학 문제를 풀 때는 대뇌의 두정엽Parietal Lobe에 삽입한 마이크로칩에 전류를 흘려 수학 계산 능력을 향상시킬 수 있다. 영어 시험 때는 언어 영역인 좌측 베르니케Wernicke 영역의 마이크로칩에 전류를 흘려주면 독해 능력이 향상돼 높은 점수를 얻는 식이다. 문제는 사람들이 단지 '지능 증폭'을 위해 자신의 두개골을 열고 뇌에 마이크로칩을 삽입하겠느냐는 데 있다. 2장에서 소개한 것처럼 무려 10만여 명이 머릿속에 뇌심부 자극 장치를 삽입한 채 생활하고 있다지만 그들은 '위험을 무릅쓸 만한' 뇌 질환이 있기 때문에 비교 대상이 아니다.

그런데 최근에 두개골을 열지 않고도 간단한 시술만으로 뇌 가까이에 미세 전극을 설치할 수 있는 길이 열렸다. 2016년 호주 멜버른 대학University of Melbourne의 테런스 오브라이언Terence O'Brien 교수가 이끄는 뇌공학 연구팀은 스텐트로드Stentrode라는 장치를 양의 목 주위 혈관에 집어넣어 혈관을 따라 뇌로 보낸 뒤 양의 뇌에서 발생하는 뇌파 신호를 측정하는 데 성공했다고 발표했다. 스텐트로드라는 이름은 스텐트Stent와 일렉트로드Electrode(전극)의 준말이다. 스텐트는 얇은 금속으로 제작한 원통 모양의 그물망인데 좁아진 관상동맥을 넓힌 다음에 튼튼하게 지탱함으로써 심근경색이나 뇌경색을 예방해준다. 매년 10만 개 정도의 스텐트가 한국인의 혈관 속에 들어가고 있을 만큼 비교적 간단하고 대중적인 시술이다. 오브라이언 교수는 두개골을 열지 않고도 뇌 표면에 거미줄처럼 얽혀 있는 혈관을 따라서 스텐트로드를 삽입하면 정밀하게 뇌 활동 신호를 얻을 수 있을 것으로 예상한다.

두개골을 열고 마이크로칩을 삽입하는 위험한 수술을 하지 않고도 바이오닉 팔이나 외골격 로봇을 제어하는 길이 열린 것이다. 스텐트로드는 뇌 신호를 읽을 때뿐만 아니라 전류를 흘려 뇌를 조절하기 위해서도 쓸 수 있다. 이미 우리나라에만 100만 명이 넘는 사람이 스텐트 삽입술을 받았다는 사실을 감안한다면 가까운 미래에는 누군가가 사이보그 인간이 되기 위해 스텐트로드를 뇌에 삽입했다는 기사를 보게 될지도 모른다. 어쩌면 레딩 대학의 케빈 워릭 교수 같은 사람이 가장 먼저 본인의 머리에 스텐트로드를 삽입하기 위해 호주행 비행기를 예약해두었을지도 모른다.

물론 뇌에 대해 아직 완전히 이해하지 못한 상황에서 뇌 조절 기

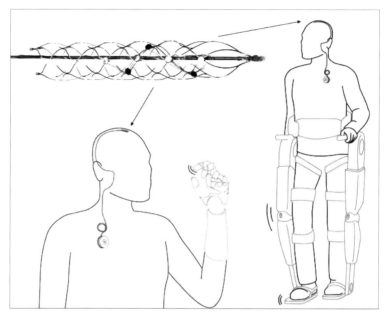

➥ (그림48) 스텐트로드의 형태와 이를 로봇 의수 및 외골격 로봇 제어에 사용하는 것을 상상해 그린
그림
출처: 멜버른 대학교

술이 개발되는 것에 대해 우려의 목소리를 내는 뇌과학자도 많다. 예를 들어 여기 세계적인 연구 성과를 내고 싶은 욕심에 전두엽에 인지 증폭을 위한 마이크로칩을 이식한 한 명의 수학자가 있다고 하자. 그는 뇌 전기 자극을 통해 얻은 통찰력과 향상된 수학 능력을 바탕으로 많은 수학 난제를 풀어냈지만, 전두엽 기능의 과도한 증강으로 인해 감정이 메마른 차가운 수학자가 돼버렸을 수도 있다. 뇌 마이크로칩 이식 기술을 군사용으로 사용할 가능성에 대한 우려도 있다. 마이크로칩을 병사의 편도체Amygdala에 이식한 다음 전기 자극을 가하면 두려움이 없게 만들 수 있기 때문이다. 미국 방위고등연구계획국DARPA이

외상 후 스트레스 장애를 가진 병사의 기억을 조절해주는 마이크로칩을 개발하는 데 큰 연구비를 투입하고 있는데, 일부 학자는 이 마이크로칩이 슈퍼 솔저를 만드는 데 활용될까 봐 우려하고 있다. 이처럼 뇌공학 기술을 이용한 뇌 기능 증강 연구는 많은 윤리적인 논쟁거리를 낳을 수 있다. 뇌공학 기술은 인류의 행복과 번영을 위해서만 사용해야 한다.

- - - - - - - -

브레인 도핑
정신으로 신체의 한계를 넘다

"용기는 모든 것을 정복한다. 심지어는 육체에 힘을 더하기도 한다."

로마 시대 저명한 시인이자 철학자였던 푸블리우스 오비디우스 Publius Ovidius가 남긴 말이다. 흔히 스포츠에서는 강인하고 민첩한 육체가 가장 중요하다고 한다. 물론 틀린 말은 아니다. 창을 던지고 공을 차고 활을 쏘는 것은 의심할 여지없이 우리의 '몸'이 하는 일이기 때문이다. 그래서 많은 운동 선수가 경기에서 더 뛰어난 성적을 거두기 위해서 오늘도 구슬땀을 흘리며 신체 단련을 게을리하지 않는다. 하지만 현대 뇌과학은 '수천 분의 일 초가 승부를 결정짓는 엘리트 스포츠의 세계에서는 신체의 단련뿐만 아니라 정신의 단련도 중요하다'는 사실에 대한 여러 증거를 제시하고 있다. 이미 2000년 전 로마인들이 경험을 통해 체득한 '육체와 정신의 관계'도 뇌공학과 뇌과학의 발전에 힘입어 21세기에 다시 한번 재조명되는 중이다. 뇌공학과 뇌과학이 스포츠과학 분야에 어떤 영향을 끼치고 있는지 살펴보자.

우선 1장에서 소개한 신경가소성의 원리는 부상 선수들의 재활 훈련에 적용되고 있다. 부상을 당해서 팔이나 다리를 쓸 수 없는 상태의 선수가 이전의 기량을 바로 회복하기란 쉬운 일이 아니다. 신경가소성의 원리에 따르면 뇌는 계속해서 특정 기능을 사용해야지만 그 기능 유지가 가능하기 때문이다. 선수가 자유롭게 움직일 수 없을 때 가장 효과적인 훈련 방법은 다른 사람들이 경기하는 것을 '그냥 지켜보는 것'이다. 인간의 뇌에는 '거울 뉴런Mirror Neuron' 시스템이 있는데, 이는 어떤 행동을 우리가 실제로 할 때뿐만 아니라 다른 사람이 하는 것을 볼 때에도 그 행동과 관련된 뇌 영역이 활동하는 현상을 뜻한다. 예를 들어 오른팔 부상을 당해 깁스를 한 테니스 선수가 TV에서 다른 선수가 오른팔로 테니스 라켓을 휘두르는 모습을 보고 있다고 가정하자. 그러면 자신이 직접 운동을 하지 않음에도 불구하고 이를 지켜보는 선수의 대뇌에서도 오른팔 운동 영역이 활성화된다. 이처럼 다른 선수의 경기 장면을 보거나 자신이 경기하는 모습을 상상하게 하는 훈련 방법을 '이미지 트레이닝Image Training'이라고 하는데, 이 오랜 전통의 재활 훈련 방식에는 놀라운 뇌과학적 원리가 숨어 있었다. 이제는 고전이 된 농구 만화의 전설 「슬램덩크」를 보면, 큰 부상을 당한 주인공 강백호가 "농구를 익히는 시간이 짧았던 만큼 잃어가는 시간도 짧을 것이다"라는 독백을 하는 장면이 등장한다. 실제로 이미지 트레이닝을 이용한 재활 훈련은 부상 이전에 오랜 기간 훈련을 해서 '운동선수의 뇌 구조'가 형성된 선수에게 더 효과가 크다고 한다. 이처럼 현대 뇌과학이 밝혀낸 신경가소성의 원리는 스포츠과학의 많은 영역에 영향을 끼치고 있다.

캐나다 몬트리올 대학University of Montreal의 조슬린 포버트Jocelyn Faubert 교수 연구팀은 신경가소성의 원리에 근거해서 '뉴로트래커Neurotracker'라는 인지 훈련 게임을 개발했다. 그런데 박지성의 활약을 통해서 우리에게도 친숙한 잉글랜드의 축구 명문 맨체스터 유나이티드에는 최근 들어 이 게임에 빠진 선수가 많다고 한다. 뉴로트래커는 박지성도 즐겼다는 '위닝 일레븐'이나 요즘 유행하는 '오버 워치' 같은 게임과는 사뭇 다르다. 화면상에 숫자가 적힌 8개의 공이 있는데 잠시 후 숫자가 지워지고 공이 어지럽게 돌아다닌다. 이 상태로 일정 시간이 지나 공이 멈추면 특정한 숫자가 적힌 공의 위치를 찾아내는 것이 룰의 전부다. 쉬운 게임 같아 보이지만 특정한 공의 위치만 따라가다 다른 공의 위치를 놓치기 십상이다. 축구 선수들이 이 게임을 하는 이유는 축구 경기를 조금이라도 이해하는 독자라면 쉽게 알아챌 수 있을 것이다. 선수들의 개인 기량이 평준화되고 있는 현대 축구에서는 30여 년전 마라도나처럼 뛰어난 선수 한 명이 7~8명의 상대 팀 선수를 모두 따돌리고 골을 넣는 일은 거의 일어나지 않는다. 팀플레이가 중요시되는 현대 축구에서 필요한 가장 핵심적인 기량 중 하나는 바로 시야, 즉 '경기장 전체를 보는 능력'이다. 최고의 선수는 드리블을 위해 공을 바라보면서도 다가오는 상대 선수들의 위치와 함께 패스를 기다리는 자기 팀 선수들의 위치를 매 순간 확인한다. 이런 능력을 보유한 선수를 보통 '주변시Peripheral Vision를 인식하는 능력이 뛰어난 선수'라고 하는데, 최근에 활동한 선수 중에는 프랑스의 지네딘 지단Zinédine Zidane이 대표적이다. 과거에는 이런 능력은 선수 개개인이 '타고나는 것'이라고 믿었다. 하지만 현대 뇌과학의 신경가소성의 원리에 따르면, 어떠한 뇌의 능력도 지속적인 훈련으로 향상시키는 것이 가능하다. 실제로 맨체스터 유나이티드뿐만 아니라 프랑스의 명문 클럽인 올림피크 리옹에서도 이 게임 훈련을 통해 선수들의 기량이 크게 향상되고 있다고 한다.

2016년 8월 하계 올림픽이 브라질 리우데자네이루에서 막을 올렸다. 우리 선수들이 금메달을 예상했던 여러 종목에서 대회 초반에 줄줄이 고배를 마시는 와중에도 기대를 저버리지 않은 종목이 하나 있었으니, 바로 양궁이다. 하루에 600발의 화살을 쏘았다거나 시끄러운 야구장에서 훈련을 하고 뱀을 감은 채 연습을 했다는 비하인드 스토리가 전해졌지만 필자의 시선을 가장 끈 것은 '뉴로피드백Neurofeedback[89]이라는 훈련법이다. 뉴로피드백이란 사용자의 현재 뇌 상태에 대한 피드백Feedback을 제공하는 기술로, 1972년 미국 UCLA의 배리 스터먼Barry Sterman 박사가 개발한 뒤, 주로 집중력 결핍 아동이나 공황장애가 있는 성인 환자를 치료하기 위해 사용해왔다. 어려운 이름에 비해 원리는 간단하다. 예를 들어, 뇌파 신호를 분석하면 사용자의 집중력이 증가하거나 감소하는 정도를 알아낼 수 있는데, 뇌파를 실시간으로 측정하면서 집중력의 높낮이에 따라 다른 피드백을 제시하기만 하면 된다. 보통은 게임을 이용해서 피드백을 주는데, 집중력이 높으면 자동차가 빨리 달려서 레이싱에서 승리하게 한다거나 사격 게임에서 높은 점수를 딸 수 있게 하는 식이다.

뉴로피드백 훈련을 스포츠 분야에 적용한 것은 아주 최근의 일이다. 다양한 종목 중에서 특히 사격이나 양궁과 같이 혼자 하는 운동은 산만한 정신을 통제하는 것이 매우 중요하다. 잠시의 집중력 이탈이 경기 결과에 큰 차이를 만들기 때문이다. 고도의 정신적 압박을 받는 상황에서 경기 내내 감정을 통제하고 잡념을 없애는 것은 결코 쉬운 일이 아니다. 그런데 뉴로피드백을 이용하면 강한 집중력과 평온한 마음을 오랫동안 유지하는 방법을 스스로 훈련할 수 있다. 이뿐만 아니다. 뉴로피드백은 선수들의 긴장감을 없애고 자신감을 높이기 위해서도 사용할 수 있다. 흔히 스트레스 뇌파라고 부르는 베타파[Beta Wave 90]를 줄이기 위한 뉴로피드백 훈련을 실시하면 된다. 효과는? 이미 우리 태극 전사들이 양궁 전 종목 석권으로 증명하지 않았나.

최근 들어서 헤드밴드 형태의 휴대용 뇌파 측정 장치가 속속 등장하는 것은 선수나 코치 모두에게 희소식이 아닐 수 없다. 수천만 원을 호가하는 고가의 뇌파 측정 장비 대신에 휴대가 가능하고 가격도 저렴한 웨어러블 뇌파 밴드를 스마트폰이나 스마트패드와 연결하면 언제 어디서나 뉴로피드백 훈련이 가능하기 때문이다. 휴대용 뉴로피드백 기술은 엘리트 스포츠뿐만 아니라 생활체육 분야에서도 활용 가능성을 모색하고 있다. 현재 가장 큰 진척을 보이는 분야는 국내에도

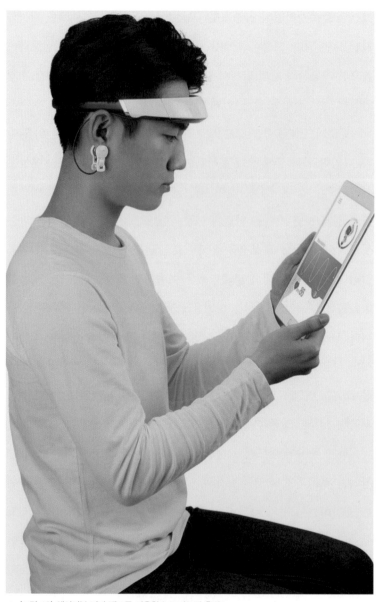

〈그림 49〉 웨어러블 뇌파 밴드를 이용한 뉴로피드백 훈련
제공: 소소 H&C

동호인이 많이 늘어난 골프다. 골프는 사격이나 양궁처럼 혼자 진행하는 게임은 아니지만 대표적인 멘탈Mental 스포츠로 분류된다. 그날의 긴장도나 집중력에 따라 경기 결과가 크게 영향을 받기 때문이다. '골프의 신'으로까지 불리던 타이거 우즈도 메이저 대회 2승을 기록한 2006년에 출전한 US 오픈에서 어이없는 2라운드 컷오프(예선 탈락)로 망신을 당한 적이 있을 정도니 일반인은 더 말할 필요도 없다. 미래에는 골프 라운딩 전에 너나 할 것 없이 뇌파 측정기가 내장된 골프 모자를 쓰고 스마트폰을 들여다보게 될지도 모른다.

2016년 3월 초 알파고와 이세돌이 벌인 세기의 바둑 대결에 묻혀 국내에서는 크게 관심을 끌지 못했지만, '뇌에 전기 자극을 줘서 신체 기능을 향상시키는 뇌 도핑Brain Doping'을 시도했다는 소식이 알려져 화제가 된 적이 있다. 미국 스키 및 스노보드협회US Ski and Snowboard Association: USSA가 샌프란시스코에 있는 헤일로 뉴로사이언스Halo Neuroscience라는 스타트업과 함께 올림픽 대표 선수를 포함한 7명의 프로 스키 점프 선수를 대상으로 경두개직류자극 실험을 한 것. 7명의 선수 중 4명에게는 대뇌 운동 영역의 활성도를 높이기 위해 약한 전류를 흘려주었고, 나머지 3명에게는 머리에 전류를 흘리는 척 하고는 실제로 아무런 자극도 가하지 않는 소위 '거짓 자극'을 시행했다. 거짓 자극은 플라시보 효과Placebo Effect[91]를 배제하기 위해 흔히 사용하는 실험 방법이다. 대상의 수가 다소 적기는 했지만 결과는 놀라웠다. 거짓 자극을 한 3명에 비해서 '진짜 자극'을 받은 4명은 자극을 받기 전보다 점프력은 70%, 균형 감각은 무려 80% 향상된 것이다. 정신이 신체를 지배한다는 가설을 다시 한번 증명하는 결과이기도 하다.

역시 2016년 3월 스포츠과학자인 영국 켄트 대학University of Kent의 렉스 모거Lex Mauger 교수는 대뇌 운동 영역에 경두개직류자극을 가하면 운동에 따른 피로감을 덜 느끼게 된다는 놀라운 연구 결과를 발표했다. 모거 교수는 사이클 선수들에게 경두개직류자극을 가한 뒤 헬스 사이클을 지칠 때까지 타도록 주문했는데, 진짜 자극을 받은 선수들이 가짜 자극을 받은 쪽에 비해 자전거를 탄 시간이 평균 2분이나 길었다. 이뿐만 아니라 진짜 자극을 받은 선수들은 그렇지 않은 경우에 비해 주관적으로 느끼는 피로도 더 낮았다. 재미있는 사실은 심박수라든가 근육 피로도와 같은 생체 지표에서는 두 군 간의 차이가 전혀 없었다는 점이다. 이는 뇌 자극을 통해 신체 능력이 달라진 것이 아니라 뇌가 느끼는 고통의 정도에만 변화가 일어났음을 의미한다.

물론 아직 풀어야 할 숙제도 많다. 우선 이런 뇌 자극 기술을 장기간 사용했을 때 뇌에 어떤 변화가 생길 것인지에 대한 연구가 충분하지 않다. 당장 눈앞의 성적 향상을 위해서 위험을 감수하는 약물 도핑과 다를 바 없는 셈이다. 또한 뇌 자극의 효과가 사람마다 크게 차이가 난다거나 한 사람에 대해서도 날마다 달라지는 등 아직 뇌 자극 방법 자체가 불완전하다는 점도 앞으로 해결해야 할 문제 중 하나다. 무엇보다도 뇌에 인위적인 전기 자극을 가하는 것이 과연 윤리적으로 타당한지에 대해 더 심도 있는 논의가 필요하다. 특히 '뇌 도핑'은 뉴로피드백과 달리 선수 개인의 노력 없이 인위적으로 능력을 향상하게 하는 것이기 때문에 '페어플레이'라는 스포츠 정신에 어긋난다는 지적이 많다. 또한 현재의 기술로는 어떤 방법으로도 도핑 검사가 불가능하다는 점과 누구나 인터넷 쇼핑몰을 통해 쉽게 장치를 구입할 수 있다는 점도 많은 이의 우려를 자아내는 부분이다.

도핑이라는 말은 남아프리카공화국의 한 부족이 애용한 술 이름인 돕Dop에서 유래했다. 그들은 사냥이나 전투에 나서기 전에 구성원들의 사기를 진작하고 용기를 북돋우기 위해 돕을 즐겨 마셨다고 한다. 오비디우스는 진정한 신체적 강인함을 얻기 위해서 용기가 필요하다는 점을 역설했지만, 스스로의 노력이 아닌 인위적으로 만든 용기를 바란 것은 아니었을 것이다. 뇌공학과 스포츠과학이 스포츠맨십을 해치지 않는 범위에서 함께 발전해나가기를 기대한다.

트랜스휴머니즘
영생의 꿈은 아직도 현재 진행형

　과학과 기술의 발전은 인류를 질병의 고통으로부터 해방시켜왔
지만 어떤 이들에게는 아직도 충분히 만족스럽지 않은 수준인 듯하
다. 그들은 인간이라면 누구나 맞이할 수밖에 없는 '죽음'마저도 언젠
가는 과학 기술이 없애줄 것으로 믿는다. 극단적인 트랜스휴머니스트
들은 인간 능력의 향상을 추구하는 기존의 트랜스휴머니즘에서 한발
더 나아가 인간이 과학 기술을 통해 영생을 얻을 수 있을 것으로 믿는
다. 하지만 그들도 현세대에는 그런 기술의 구현이 쉽지 않을 것을 잘
알기 때문에 일부 트랜스휴머니스트는 인체 냉동 보존술 연구에 큰
돈을 투자하거나 직접 연구소를 세우기도 한다. 가장 잘 알려진 인체
냉동 보존술 연구 기관은 미국 애리조나 주에 있는 알코어 생명 연장

재단^{Alcor Life Extension Foundation}이다. 1972년에 설립된 이 기관은 지금까지 150명 이상의 트랜스휴머니스트를 액화질소를 가득 채운 냉동 탱크에 얼린 채로 보관하고 있다. 메이저리그 최후의 4할 타자로 유명한 테드 윌리엄스^{Ted Williams}도 이 회사 지하 냉동고에 누워 부활을 기다리고 있다. 아직은 냉동 신체를 해동하는 기술이 완전하지 않지만 젊음을 다시 찾게 하고 모든 질병을 치료할 수 있는 기술이 가능해진 미래라면 신체를 해동하는 것도 어렵지 않으리라는 것이 트랜스휴머니스트들의 생각이다. 과연 영화 「데몰리션 맨^{Demolition Man}」(1993) 속 상상이 현실이 될 수 있을까? 생체공학 기술의 발전이 영생의 꿈에 좀 더 가까이 다가가게 해줄 것인가? 「데몰리션 맨」의 배경인 2032년까지는 불과 십수 년밖에 남지 않았다.

트랜스휴머니스트 중에는 영화 「트랜센던스」에서처럼 사람의 생각을 다운로드해서 기계에 업로드함으로써 영생을 누릴 수 있으리라 믿는 이도 있다. 만약 먼 미래에 나의 생각을 다운로드해서 기계에 업로드할 수 있다면, 과연 그 '기계 안의 누군가'를 '또 다른 나'로 볼 수 있을까? 필자는 이 질문을 여러 강연에서 던진 적이 있는데, 많은 이가 "기계 안의 누군가는 나와 기억이나 경험을 공유하는 '전혀 다른 사람'이다"라는 의견에 동의했다. 어쩌면 인간에게 자신의 삶과 기억을 공유하는 다른 개체를 만들고자 하는 숨겨진 욕구가 있는지 모르겠지만, 생물학적인 인간 개체가 영생을 누리는 것은 분명 아닐 것이다. 물론 필자도 그렇게 생각한다. 그런데 만약 과학 기술이 상상 이상으로 발달해서 우리 뇌의 부분, 부분을 아주 조금씩, 그리고 천천히 인공 뇌로 대체할 수 있게 된다면 어떨까? 10%, 20%,…, 90%, 그래서 최후의 '자연 뇌'를 인공 뇌로 대체하는 순간, 우리의 영혼은 온전하게 기계로 옮겨갈 수 있지 않을까? 아리스토텔레스의 주장처럼 우리의 영혼이 심장에 살고 있지 않다면 말이다.

기술의 실현 가능성 여부와는 별개로, 과학 기술의 도움을 받아 영생을 누릴 수 있게 된다면 과연 우리는 더 행복해질까? 2013년 구글의 창업자인 세르게이 브린과 래리 페이지는 캘리코Calico라는 이름의 바이오 기업을 설립했다. 캘리코의 목표는 놀랍게도 인간의 수명을 500세 이상으로 늘리는 것이라고 한다. 이곳의 연구자들은 암에 걸리지 않고 통증도 느끼지 않으며 일반 쥐보다 10배 이상 오래 사는 벌거숭이두더지쥐라는 설치류를 연구한다. 벌거숭이두더지쥐의 혈액을 분석해서 어떤 물질이 이 작은 동물을 오래 살게 하는지 알아내고자 하는 것이다. 최근 연구 결과에 따르면 벌거숭이두더지쥐는 다른 설치류에 비해 NRG-1이라는 단백질 수치가 특히 높다고 한다. 모두가 불가능하다고 했던, 바둑에서 인공지능이 인간을 압도하는 '기적'을 보여준 구글이기에 사람들이 거는 기대도 그만큼 크다. 실제로 문서판독기, 평판 스캐너, 신시사이저의 발명가로 유명한 미국의 미래학자 레이 커즈와일Ray Kurzweil은 70세인 자신이 90세가 되면 영원히 살 수 있는 기술이 만들어질 것으로 내다봤다. 구글의 엔지니어링 담당 이사이기도 한 그는 영생이 가능해질 때까지 건강하게 살아남기 위해서 매일 100알 이상의 영양제를 섭취하는 것으로도 유명하다. 매년 영양제 구입에만 우리 돈으로 11억 원에 달하는 거액을 쓴다고 하니 일반인은 엄두도 못 낼 법한 일이다. 커즈와일의 예상대로 20년 내에 생명공학과 생체공학 기술이 눈부시게 발전해서 장기와 조직을 인공의 것으로 대체하고 노화와 질병의 고통에서 인간을 해방시킬 수 있게 됐다고 치자. 과연 늘어난 수명이 인류에게 축복이 될까? 많은 이가 '현대판 불로초'의 개발이 인류에게 축복보다는 재앙이 될 가능성이 높다고 경고한다. 자연의 섭리와 진화의 법칙을 무시하고 갑작스럽게 늘어난 수명을 인간 사회가 감당하기 어려울 것이라는 예상에서다. 수명이 늘어나면 세대의 간격도 함께 늘어야 하지만 수명은 늘어나는데 생식 주기가 비슷하다고 가정하면 인구의 폭발적인 증가로 인해 여러 가지 문제가 생겨날 수밖에 없다. 각종 자원과 식량 부족은 물론이고 무분별한 개발에 따른 자연환경의 황폐화, 지구 온난화 등이 심각한 사회문제가 될 것이다. 결국 화성이나 태양계 밖의 다른 행성으로 이주하는 방법을 찾아내지 않는 이상 인구 폭발로 인해 지구는 죽음의 별이 될 가능성이 높다. 이런 사태를 피하기 위해 인류는 인위적으로 생식 능력을 제한하게 될 것이고, 일생 동안 한 명의 자녀를 갖는 것조차 어려워질 것이다. 생식 주기를 늦추려고 인위적인 시험관 아기 시술을 하는 게 일반화될 것이고 발달된 생명공학 기술은 맞춤형 시험관 아기를 생산해 생태계의 다양성을 파괴하게 될 것이다. 그런가 하면 생명 연장 기술을 보유한 자들이 모든 사람에게 이 기술에 대한 접근을 허용하지 않을 것이라는 시각도 있다. 만약 돈과 권력을 지닌 0.1%의 사람만 이 기술을 독점한다면, 소수의 권력자가 무려 500년 동안 50세 수명의 일반인 노예들을 착취하는 신봉건사회가 도래할지도 모른다. 이런 연유로 트랜스휴머니즘은 많은 과학철학자로부터 비판의 대상이 돼왔다. 미국 스탠퍼드 대학의 저명한 철학자인 프랜시스 후쿠야마Francis Fukuyama 교수는 "트랜스휴머니즘이야말로 역사상 가장 위험한 사상"이라고 비판하기도 했다.

새로운 기술의 도입에는 늘 부작용이 따르게 마련이다. 생활을 보다 편리하게 만들기 위해 개발한 스마트폰은 사색과 대화의 시간을 앗아갔고, 인터넷의 발전은 인터넷 중독 증후군이라는 새로운 질환을 만들어내기도 했다.[92] 불행하게도 많은 경우에 새로운 기술의 부작용은 상당한 시간이 지난 뒤에야 확인이 가능하다. 퀴리Curie 부인은 방사능 물질 라듐을 분리해내는 데 성공한 공로로 노벨상을 수상했지만, 방사능의 위험성을 몰랐기 때문에 그녀 자신도 과도한 방사능 노출로 인한 골수암으로 사망했다. 당시에는 라듐이 미용에 도움이 된다는 근거 없는 소문이 있어서 라듐 성분이 포함된 화장품이 날개 돋친 듯 팔렸다고 한다. 방사능의 위험에 대해 무지했던 시대에 만든 기계 중에 플루오로스코프Fluoroscope라는 것이 있다. 이는 엑스선을 이용해 발의 사진을 찍어서 신발의 사이즈를 결정하는 데 쓰던 것인데 문제는 당시의 엑스선 영상 기기는 엑스선을 가시광선으로 바꿔서 효율을 높여주는 인광체Phosphor라는 물질을 쓰지 않았다는 데 있다. 그러다 보니 현재보다 100배 이상 강한 엑스선을 쪼여야 했고 결국 방사능 물질을 자주 쓰던 사람들이 수도 없이 죽어나간 뒤에야 방사능이 인체에 해로울 수도 있다는 가설이 사실로 받아들여졌다. 프랑스 물리학자인 앙리 베크렐Henri Becquerel이 방사능을 발견한 지 무려 50여 년이 지난 뒤의 일이었다. 전 세계의 생체공학자, 생명공학자 등이 개발하고 있는 트랜스휴먼 기술도 전혀 예상하지 못한 부작용을 낳게 될지 모른다. 그러므로 우리는 기술이 완성되기 전부터 미리 기술이 가져올 미래를 예상하고 다양한 상황에 대비한 시나리오를 만들어야만 한다.

46억여 년에 이르는 지구의 역사에서 인류처럼 빠르게 자신과 환경을 변화시킨 종족은 없었다. 인류는 지구의 주인이 된 뒤 불과 수천 년이라는 짧은 시간 동안에 우리보다 훨씬 오랫동안 지구를 지켜온 수많은 다른 생물을 멸종시켰다. 이는 지구가 유구한 세월 동안 유지해온 대자연의 법칙을 인위적으로 거스르는 일임에 틀림없다. 이제 인류는 오랜 진화의 산물인 신체의 일부를 공장에서 생산한 새로운 장기와 조직으로 대체하고, 뛰어난 정신적, 신체적 능력을 보유한 신인류로 진화하기를 꿈꾸고 있다. 기술을 통한 인간의 진화가 궁극적으로 인류에게 행복을 안겨줄지, 불행을 불러올지는 전적으로 기술을 사용하는 인간에게 달렸다.

필자는 인간 존엄성 상실, 빈부 격차의 심화, 슈퍼 솔저의 탄생 등 트랜스휴먼 기술이 초래할지 모르는 여러 문제를 이야기했지만 정작 뚜렷한 해결책은 제시하지 못했다. 앞으로 우리 모두가 함께 고민해야 할 문제다. 일단 인간은 포스트휴먼으로 진화하기 위한 연구를 개시했고 특별한 계기가 있기 전까지는 멈추지 않고 나아갈 것이다. 우리는 트랜스휴먼 연구가 인류에게 도움이 되는 방향으로만 나아가도록 감시를 게을리해서는 안 된다. 그렇게 하지 않으면 인류는 스스로가 만든 기술에 의해 자신의 자유와 행복을 잃어버리는 우매한 종족이 될지도 모르니까.

에필로그

　이 책의 초판이 인쇄에 들어갈 무렵이면 스칼렛 요한슨 주연의
「공각기동대」 실사판이 극장에 걸리고 있을 것이다. 영화의 완성도나
흥행 여부를 떠나 전 세계의 생체공학자에게 연구의 목표를 제시한
영화가 탄생 20년 만에 리메이크된다는 것은 흥분되는 일이 아닐 수
없다. 공교롭게도 「공각기동대」 원작에서 전뇌(전자 두뇌)와 의체(바이
오닉 몸)가 실현되는 시기가 바로 2017년 부근이다. 비록 기술은 만화
의 상상력을 따라잡기에 역부족이었지만, 아직도 인류는 '장애와 질
병이 없는 세상'이라는 궁극의 목표를 향해 한 걸음, 한 걸음 우직하
게 나아가고 있다. 그리고 이 책에서 확인할 수 있었듯이, 그 여정의
핵심에는 생체공학이라는 학문이 있다. 루크 스카이워커의 로봇 팔을

현실에서 만들려는 '스타워즈 키즈'들의 노력이 오늘날의 바이오닉 팔 기술을 만들어낸 것처럼, 자라나는 '공각기동대 키즈'들이 30년 뒤의 생체공학을 놀라운 수준으로 도약시키리라 믿는다. 물론 이 책이 그들에게 좋은 길잡이가 될 수 있다면 더할 나위 없겠다.

생체공학에 대한 짧은 여정을 일단 마무리하면서 이 책에서 소개하지 못한 나머지 주제들을 갖고 다시 독자 여러분을 만날 것을 약속한다. 그동안 필자는 지난 몇 달 동안 집중하지 못했던, 그래서 하드 디스크에 가득 쌓인 논문과 한바탕 씨름을 벌여야 할 것 같다. 아직 가야 할 길이 멀고 너무도 많은 흥미로운 연구가 기다리고 있으니까.

참고 문헌

chapter 1

문병도 (2016) 외골격 로봇이 미래 전쟁 바꾼다(기사), 서울경제.

M. M. Merzenich, J. H. Kaas, J. T. Wall, M. Sur, R. J. Nelson, and D. J. Felleman (1978) Anesthetic state does not affect the map of the hand representation within area 3b somatosensory cortex in owl monkey. Journal of Comparative Neurology 181:41-73.

Britta K. Holzel, James Carmody, Karleyton C. Evans, Elizabeth A. Hoge, Jeffery A. Dusek, Lucas Morgan, Roger K. Pitman, and Sara W. Lazar (2010) Stress reduction correlates with structural changes in the amygdala. Social Cognitive and Affective Neuroscience 5:11-17.

J. A. Anguera, J. Boccanfuso, J. L. Rintoul, O. Al-Hashimi, F. Faraji, J. Janowich, E. Kong, Y. Larraburo, C. Rolle, E. Johnston, and A. Gazzaley (2013) Video game training enhances cognitive control in older adults. Nature 501:97-101.

S Kuhn, T Gleich, R C Lorenz, U Lindenberger, and J Gallinat (2014) Playing Super Mario induces structural brain plasticity: gray matter changes resulting from training with a commercial video game. Molecular Psychiatry 19:265-271.

임창환 (2015) 뇌를 바꾼 공학 공학을 바꾼 뇌, MID.

Lionel Feuillet, Henry Dufour, and Jean Pelletier (2007) Brain of a white-collar worker. Lancet 370:262.

Andreas G Nerlich, Albert Zink, Ulrike Szeimies, and Hjalmar G Hagedorn (2000) Ancient Egyptian prosthesis of the big toe. Lancet 356:2176-2179.

Jacqueline Finch (2011) The ancient origins of prosthetic medicine. Lancet 377:548-549.

Marc Dewey, Udo Schagen, Wolfgang U Eckart, and Eva Schoenenberger (2006) Ernst Ferdinand Sauerbruch and His Ambiguous Role in the Period of National Socialism. Annals of Surgery 244:315-321.

Malcom Gay (2015) The Brain Electric: The Dramatic High-Tech Race to Merge Minds and Machines. Farrar, Straus and Giroux

Eleanor A. Maguire, Katherine Woollett, and Hugo J. Spiers (2006) London taxi drivers and bus drivers: A structural MRI and neuropsychological analysis. Hippocampus 16:1091-1101.

chapter 2

Manfred E. Clynes and Nathan S. Kline (1960) Cyborgs and Space. Astronautics.

D. S. Halacy (1965) Cyborg: Evolution of the Superman. Harper and Row Publishers.

The Chirurgeon's Apprentice (2015) Laennec's Baton: A Short History of the Stethoscope.

M. E. Silverman (1992) Willem Einthoven - The Father of Electrocardiography. Clinical Cardiology 15:785-787.

London Times (2007) 5,000-Year-Old Artificial Eye Found on Iran-Afghan Border. foxnews.

Ione Fine, Connie L. Cepko, and Michael S. Landy (2015) Vision research special issue: Sight restoration: Prosthetics, optogenetics and gene therapy. Vision Research 111:115-123.

Katherine Bourzac (2016) Texas Woman Is the First Person to Undergo Optogenetic Therapy. MIT Technology Review.

Sergio Canavero (2013) HEAVEN: The head anastomosis venture Project outline for the first human head transplantation with spinal linkage (GEMINI). Surgical neurology international 4:335-342.

임창환 (2015) 뇌를 바꾼 공학 공학을 바꾼 뇌, MID.

The Newgate Calendar - George Foster: Executed at Newgate, 18th of January, 1803, for the Murder of his Wife and Child, by drowning them in the Paddington Canal; with a Curious Account of Galvanic Experiments on his Body.

Theodore W Berger, Robert E Hampson, Dong Song, Anushka Goonawardena, Vasilis Z Marmarelis, and Sam A Deadwyler (2012) A cortical neural prosthesis for restoring and enhancing memory. Journal of Neural Engineering 8: 046017.

Chad E. Bouton, Ammar Shaikhouni, Nicholas V. Annetta, Marcia A. Bockbrader, David A. Friedenberg, Dylan M. Nielson, Gaurav Sharma, Per B. Sederberg, Bradley C. Glenn, W. Jerry Mysiw, Austin G. Morgan, Milind Deogaonkar, and Ali R. Rezai (2016) Restoring cortical control of functional movement in a human with quadriplegia. Nature 533:247-250.

BI Rapoport, JT Kedzierski, and R Sarpeshkar (2012) A Glucose Fuel Cell for Implantable Brain–Machine Interfaces. PLoS ONE 7:e38436.

Viventi et al., Flexible, Foldable, and Actively Multiplexed (2011) High-Density Electrode Array for Mapping Brain Activity in vivo. Nature Neuroscience 14:1599-1605.

Dion Khodagholy, Jennifer N Gelinas, Thomas Thesen, Werner Doyle, Orrin Devinsky, George G Malliaras, and György Buzsáki (2015) NeuroGrid: recording action potentials from the surface of the brain. Nature Neuroscience 18:310–315.

Qiang Zheng, Yang Zou, Yalan Zhang, Zhuo Liu, Bojing Shi, Xinxin Wang, Yiming Jin, Han Ouyang, Zhou Li, and Zhong Lin Wang (2016) Biodegradable triboelectric nanogenerator as a life-time designed implantable power source. Science Advances 2:e1501478.

chapter 3

Zahi N Karam, Emily Mower Provost, Satinder Singh, Jennifer Montgomery, Christopher Archer, Gloria Harrington, and Melvin Mcinnis (2014) Ecologically Valid Long-term Mood Monitoring of Individuals with Bipolar Disorder Using Speech.' International Conference on Acoustics, Speech and Signal Processing (ICASSP).

김성민 (2015) 스마트폰 쓰는 노인 80%, 소리 → 진동모드 전환 못해 '쩔쩔', 한국경제.

chapter 4

David Cyranoski (2015) Super-muscly pigs created by small genetic tweak - Researchers hope the genetically engineered animals will speed past regulators. Nature 523:13-14.

Julian Huxley (1957) Religion without revelation. The New American Library.

Redfearn J W, Lippold O C, and Costain R (1964) A preliminary account of the clinical effects of polarizing the brain in certain psychiatric disorders. The British Journal of Psychiatry 110:773-85.

Chi RP and Snyder AW (2011) Facilitate Insight by Non-Invasive Brain Stimulation. PLoS ONE 6:e16655.

Roi Cohen Kadosh, Sonja Soskic, Teresa Iuculano, and Ryota Kanai (2010) Modulating Neuronal Activity Produces Specific and Long-Lasting Changes in Numerical Competence. Current Biology 20:2016-2020.

David Hecht, Vincent Walsh, and Michal Lavidor

(2010) Transcranial Direct Current Stimulation Facilitates Decision Making in a Probabilistic Guessing Task. Journal of Neuroscience 30: 4241-4245.

Hong-Viet V. Ngo, Thomas Martinetz, Jan Born, and Matthias Mölle (2013) Auditory Closed-Loop Stimulation of the Sleep Slow Oscillation Enhances Memory. Neuron 78:545-553.

Thomas J Oxley, Nicholas L Opie, Sam E John, Gil S Rind et al. (2016) Minimally invasive endovascular stent-electrode array for high-fidelity, chronic recordings of cortical neural activity. Nature Biotechnology 34:320–327.

S. Reardon (2016) Brain doping' may improve athletes' performance. Nature 531:283-284.

A. J. Higgins (2000) From ancient Greece to modern Athens: 300 years of doping. Journal of Veterinary Pharmacology and Therapeutics 29:4-8.

뉴로트래커 홈페이지: https://neurotracker.net/why-neurotracker-2/

주석

1   자기장을 잘 투과시키는 정도

2   돌림힘 또는 회전력, 주어진 축을 중심으로 물체를 회전시키는 능력

3   육상 100m 세계 기록 보유자 우사인 볼트의 평균 보폭

4   분당 회전 수

5   특정한 형태의 에너지를 기계적인 에너지로 변환시키는 장치

6   Motor Imagery, 운동상상이라고 함

7   「매트릭스」나 「아바타」에 등장하는 로봇은 입는 로봇이라기보다는 올라
    타는 로봇에 가깝다는 의견도 있지만 탑승자의 팔다리 움직임을 그대로
    반영해서 움직이기 때문에 외골격 로봇에 더 가깝다고 볼 수 있음

8   회전하는 물체의 각속도를 측정하는 장치

9   단기 기억을 장기 기억으로 변환하는 역할을 하는 대뇌 변연계의 주요 기관. 바다에 사는 해마처럼 생겼다고 해 이런 이름이 붙었음

10 하위 5%에 해당하지만 정상적인 생활이 가능한 수준임. 지능지수는 평균값이 100임

11 우리의 의식을 벗어난 영역임. 이 같은 뇌의 자체적인 판단 메커니즘에 대해 혹자는 '뇌 속의 비선실세'라는 재미난 표현을 쓰기도 함

12 BCI로 줄여서 부름. 뇌에서 발생하는 신경 신호를 해독해 외부 기계를 조작하거나 외부 사람들과 의사소통을 할 수 있게 함

13 인도의 가장 오래된 문헌으로서 10권 1028개의 시구詩句로 구성돼 있음

14 프롤로그에서 설명했듯이 신체의 일부를 대체하는 일종의 임플란트를 통칭함

15 해적선에서 칼을 가장 잘 쓰는 사람은 보통 요리사였음

16 말안장에 달린 발걸이

17 Computer-Aided Design의 약자로 컴퓨터를 이용한 디자인을 뜻함

18 국내에서는 의공학과, 생체의공학과, 바이오메디컬공학과, 바이오의공학과 등 다양한 이름으로 부름

19 파이런의 사전상 의미는 '고압선을 설치하기 위한 철탑'임. 국민 게임인 스타크래프트Starcraft에서 프로토스 종족의 건물을 세우기 위해서는 이 파이런을 먼저 설치해야 함

20 다른 부분을 넣을 수 있도록 움푹 들어가게 만든 곳, 전구 소켓을 생각하면 이해하기 쉬움

21 재미있게도 개인마다 조금씩 차이가 있음

22 파레는 사후에 그의 의수족 관련 연구만 모은 책자가 따로 만들어질 정도로 바이오닉스의 발전에 크나큰 족적을 남김

23 작은 로렝 지방 사람이라는 뜻임

24 각종 연산을 수행하거나 전자 부품을 제어하는 반도체 칩으로 컴퓨터의 CPU에 해당함

25 근육이 움직일 때 근육 안에 있는 운동 신경세포가 만들어내는 전기 신호를 피부 바깥에서 측정한 신호. 현대 의학에서 근육과 관련된 질환을 진단하거나 근육의 피로도를 측정하기 위해 쓰기도 함

26 신호의 크기를 키워주는 전자 부품

27 아날로그 신호를 디지털 신호로 변환시키는 전자 부품

28 움직일 수 있는 서로 다른 방향의 가짓수

29 손이나 발이 잘린 사람은 대부분 환지통이라는 감각을 경험하는데 환지통은 이미 잘린 손이나 발이 마치 그대로 붙어 있는 것처럼 생생하게 느껴져 잘린 부위의 고통까지 느끼는 현상임. 이는 잘린 손이나 발에 해당하는 감각 영역이 뇌에 그대로 남아 있고 손이나 발의 감각을 뇌로 전달해주던 감각 신경계도 그대로 존재하기 때문임

30 일반적으로 헤드 마운트 디스플레이Head Mount Display; HMD라고 부름

31 뇌 신경세포의 활동 전류가 만들어내는 약한 생체자기장을 민감한 초전도 자기장 센서를 이용해서 측정하는 장치. 신호원 영상법이라는 기술을 활용하면 생체자기장이 발생하는 특정한 뇌 부위를 찾아낼 수 있음

32 현재는 로클랜드 정신의학센터로 이름을 바꿔 운영하고 있음

33 도플러 효과를 이용해서 의료용 초음파 영상에서 혈액의 흐름을 컬러로

볼 수 있게 하는 장치

34 심장 외 위장이나 소장도 스스로 운동하는 기관임

35 심장 근육의 일부에 혈액 공급이 부족해 심장에 필요한 산소와 영양소
가 제대로 공급되지 않게 되며, 심할 경우 심근경색으로 인한 돌연사로
이어짐

36 심전도Electrocardiogram: ECG는 심장이 뛸 때 발생하는 심장 전류의 흐름을 몸
밖에서 측정한 것으로 다양한 심장 질환을 진단하기 위한 목적으로 현
대 의학에서 널리 활용함

37 전위라고도 함. 전위의 차이가 흔히 말하는 전압임

38 전압의 변화에 따라 바늘이 오른쪽, 왼쪽으로 회전하도록 만든 장치. 아
날로그 전압계 또는 검류계를 생각하면 됨

39 다르게는 '심박조율기' 혹은 그냥 '페이스메이커'라고도 함

40 의료를 뜻하는 메디컬Medical과 전자를 뜻하는 일렉트로닉Electronic을 조합
해 이름을 지음

41 테이저 총이라고도 함. 쇠로 만든 작은 화살을 쏘아 전기 충격을 가하는
총같이 생긴 무기를 뜻함

42 한때 세계에서 가장 많이 팔리던 전자공학 동호인 잡지로 1954년부터
1982년까지 미국에서 발행했음

43 박절기라고도 함. 음악을 연주할 때 속도와 박자를 맞추기 위해 일정한
주기로 바늘이 좌우로 움직이도록 만든 장치

44 MS-DOS는 마이크로소프트에서 윈도 이전에 보급한 텍스트 기반의 컴
퓨터 운영 체제로서 DOS는 Disk Operating System의 약자

45 심장 이식을 필요로 하는 전체 환자의 수는 매년 약 5만 명에 달함

46 나중의 에피소드를 보면 소머즈는 원래 오스틴 대령의 연인인데 사고
후 기억상실증에 걸려 둘은 연인이 아닌 선후배 첩보원으로 활동하는
것으로 나옴

47 성홍열을 앓아서 청력을 잃었다는 설도 있음

48 작은 진동체를 뜻함. 휴대전화의 진동을 만들어내는 것은 휴대전화 내부
에 있는 진동자임

49 보통은 스프링 모양의 코일과 영구자석이 인접한 형태인데 코일에 전류
가 흐르면 일시적으로 자석으로 변해서 영구자석을 밀어내거나 당기게
되므로 전기 신호를 진동으로 바꿀 수 있음

50 V1이라고도 함. 시각 정보가 대뇌에 일차적으로 들어오는 영역으로서
보통 후두엽이라 부르는 뒤통수 아래 뇌 부위에 위치함

51 실제로 우리가 보는 풍경이나 사물이 화소로 이뤄진 것은 아니지만 우
리가 보는 장면의 서로 다른 위치에 대한 명암이나 색 정보가 서로 다른
신경세포에 전달된다는 의미임

52 Technology, Education, and Design의 약자로 명망 있는 학자, 예술가 등
이 짧은 대중 강연을 무료로 하는 이벤트

53 닥터 게로, 미셴뵈크 교수와 이름이 같음

54 뇌 신호 및 영상을 분석해서 뇌 활동에 대해 알아내거나 뇌를 자극해 뇌
기능을 변화시키는 등의 뇌와 관련된 공학적인 기술을 연구하는 학문으
로서 생체공학의 세부 분야 중 하나임

55 많은 사람이 그가 2020년 경 노벨상을 수상할 것으로 예상하고 있음

56 사실은 서로 다른 두 금속을 접촉할 때, 한 금속의 전자가 다른 금속으로 이동하기 때문에 전류가 흐르는 것임

57 하나의 메일을 여러 사람에게 동시에 보낼 수 있는 서비스로서 일반적으로 대표 메일 주소로 메일을 보내면 리스트에 가입한 모두에게 메일이 발송되는 방식임

58 『프랑켄슈타인』의 괴물을 깨우는 수단도 바로 전기 자극임

59 구글 이미지 검색 등에서 'Giovanni Aldini'를 검색하면 흥미로운, 하지만 다소 엽기적인 그림을 여럿 볼 수 있음

60 뇌에 약한 직류 전류를 흘려서 뇌의 활성도를 조절하는 방법

61 뇌에는 감각세포가 없기 때문에 전체 마취는 하지 않고 두피 부위만 부분 마취를 한 뒤 깨어 있는 상태에서 수술하는 것이 가능함

62 전문적인 용어로 Energy Harvesting이라고 함

63 과거에는 간질이라고 불렸음. 시도 때도 없이 발작이 일어나는 난치성 뇌 질환

64 도파민이나 세로토닌 양이 줄면 우울증에 걸리기 쉬워지는 것이 일례

65 주로 유리탄소Glassy Carbon, 백금, 금 재질을 사용함

66 대뇌의 대부분을 차지하는 신피질Neocortex은 6개의 층Layer으로 구성된 반면 해마는 3개의 층으로만 이루어짐

67 자기공명영상MRI을 이용해서 뇌의 활동을 영상으로 보여주는 장치

68 데이터베이스를 이용해서 컴퓨터를 학습시킨 다음 데이터베이스에 없는 새로운 데이터가 입력됐을 때 기존에 학습한 모델을 이용해서 그 데이터를 분류하거나 그 데이터의 출력을 예측하는 방법. 최근 많이 등장

하는 딥러닝^{Deep Learning}이라는 기술도 크게 보면 기계학습의 한 방법임

69 플레이 스테이션용으로 나온 기타 연주 게임. 기타 모양으로 생겼지만
줄을 튕기는 대신 버튼을 누르는 방식임

70 이와 같은 윤리적인 문제에 대해서는 이후 4장에서 다시 다루겠음

71 당뇨병 환자의 몸에 삽입해 인슐린 양을 조절해주는 의료 기기

72 제품을 쓸 수밖에 없게 만드는 핵심적인 기능이나 콘텐츠

73 유비쿼터스라는 단어를 영어 사전에서 찾아보면 '어디에나 있는, 아주
흔한'이라는 정의가 나옴

74 새로운 기술을 빠르게 받아들이는 사람들을 일컬음

75 2000년대 초반에 들고 다니면서 영화나 동영상을 보기 위한 용도로 사
용했으나 스마트폰의 보급으로 시장에서 사라짐

76 전쟁이나 사고와 같은 심각한 사건을 경험한 이후 계속적인 재경험을
통해 고통을 느끼는 질환

77 기분이 주체할 수 없이 좋았다가(조증) 우울한 상태가 됐다가(우울증)를
반복하는 정신 질환

78 과거에는 정신분열병이라 부르기도 했으며 환각, 환청이나 감정인식 장
애 등이 주요 증상임

79 우리나라의 휴대전화 총 대수, 2015년 기준

80 물체의 방향이 바뀌는 것을 감지하는 센서

81 앞서 이야기한 스마트폰 위치 정보 공개와 비슷한 개념임

82 유전자 변형 생물

83 영화에서는 전뇌^{電腦}라는 명칭을 사용

84 자주 사용하는 용어는 아니지만 인공 뇌에 대한 반대 개념으로서 자연이 탄생시킨 생물학적 뇌를 의미

85 신경모방 칩

86 Memory와 Resistor를 결합해서 만든 신조어로 상태의 저장이 가능한 소자를 일컬음

87 2011년 9월 『타임』지 기사에 따르면 학자들은 2045년이면 하나의 인공 지능이 전 인류의 지성을 모두 합친 것을 뛰어넘으리라 예상함

88 순음Pure Tone 자극이라고 함. 소리가 하나의 주파수를 가진다는 뜻임

89 되먹임 또는 응답

90 뇌파의 13~30Hz 대역

91 위약 효과라고도 함. 의사가 환자에게 가짜 약을 주면서 진짜 약이라고 하면 환자는 좋아질 것이라는 믿음 때문에 병이 낫는 현상을 뜻함

92 미국 정신과협회에서 발간하는 정신 질환 진단의 가이드북인 『Diagnostic and Statistical Manual of Mental Disorders』에서는 2013년부터 인터넷 중독 증후군을 정식 정신 질환으로 인정하기 직전 단계인 '추가 연구 필요' 섹션에 포함시켰음

바이오닉맨
인간을 공학하다

초판 1쇄 발행 2017년 4월 5일
초판 9쇄 발행 2023년 5월 12일

지은이 임창환

펴낸곳 (주)엠아이디미디어
펴낸이 최종현

기획 김동출
편집 최종현
교정교열 유미영
디자인 최재현
마케팅 백승진
경영지원 윤 송

주소 서울특별시 마포구 신촌로 162, 1202호
전화 (02) 704-3448 **팩스** (02) 6351-3448
이메일 mid@bookmid.com **홈페이지** www.bookmid.com
등록 제2011 - 000250호

ISBN 979-11-87601-23-4 03400